ユニコーン企業のひみつ
Spotifyで学んだソフトウェアづくりと働き方

Jonathan Rasmusson 著

島田 浩二、角谷 信太郎 訳

O'REILLY®
オライリー・ジャパン

Competing with Unicorns

How the World's Best Companies Ship Software
and Work Differently

Jonathan Rasmusson

The Pragmatic Bookshelf

Raleigh, North Carolina

本書への推薦の言葉

もしあなたがリーダーで、Spotifyのようなテック系ユニコーン企業の現実から深い学びを得たい、あるいはユニコーン企業がどうやって世界にインパクトを与えているのかを理解したいなら、本書はあなたのための本だ。さまざまなユニコーン企業から得た示唆が詰まった本書で、Jonathanは神話の舞台裏にある真実を教えてくれる。

Diana Larsen
Agile Fluency Project LLC共同創業者兼チーフコネクター

本書であなたは、Spotify（やその他のテック系ユニコーン企業）で何が起きているのかを知るべく、その舞台裏へと招待される。同社で長らくアジャイルコーチと開発者を経験したJonathanによる、ユーモラスで気さくな語り口による本書は、インスピレーションを得たい人、単なるプラクティスを超えた先を見たい人、「ユニコーンダンス」を覚えて成功するには何が必要なのかを知りたい人にお勧めの一冊だ。

Marcus Hammarberg
Saltのカリキュラム責任者

本書は、デジタルトランスフォーメーション、特にソフトウェアの分野でデジタルトランスフォーメーションを進めている企業や、スケーリングに挑んでいる小規模なスタートアップのための一冊だ。「思考は戦略的に、行動は局所的に」物事を進めていくには、どのような構造で組織化すべきかが見事に描かれている。

Luu Duong

eComplianceのソフトウェア開発担当副社長

Spotifyの文化や働き方を理解する手助けになるように、Jonathanは同社での経験を共有してくれた。従来型組織はSpotifyの試行錯誤から学んだことを活かしながら適応していくことができるだろう。

Janet Gregory

Dragon Fire Inc.のアジャイルテストコーチ

日本の読者の皆さんへ

　日本の皆さんこんにちは！　『アジャイルサムライ』が出版されて、私が皆さんの住む素敵な国を訪れたのも 10 年近く前のことになりますね。あれからいろんなことが変わりました。

　アジャイルは今や「ふつう」となりました。世界中すべてで、とまでは言いませんが、多くのところではそうです。繰り返し型の開発スタイルで、スコープを柔軟にして、何らかの価値を毎週少しずつ届ける。この働き方の利点を多くの企業や政府が感じています。誰もアジャイルを倒せませんでした。誰もがアジャイルでやってます。

　これはソフトウェア開発にとっては良い知らせといえます。ですが、競争においては悪い知らせでもあります。「みんながやっていること」は何の優位にもなりません。アジャイルはもう「ふつう」なのですから。

　あなたがいま手にしているこの本は、アジャイルの先へと踏み出す「とりあえず」次のステップがテーマです。本書を『ユニコーン企業のひみつ』と題したのは、ものすごく成功しているソフトウェア企業（Spotify、Amazon、Googleなど）は「アジャイルでいつもやってること」を超えた先のやり方を見つけだしているからです。

彼らはプロジェクトをやっていません。

彼らは従来型の予算編成をやっていません。

彼らは従業員に何をすべきかを指示しません。代わりに、みんなを導き、信頼し、権限を与えます。

私はSpotifyでコーチとして、そしてエンジニアとして3年を過ごしました。Spotifyみたいな会社で働くのがどんな感じなのか、気になりませんか？　もし興味を持ってもらえたならぜひ、このまま続きを。

本書で私は皆さんに「ユニコーン企業のひみつ」をお伝えします。

彼らの考え方を、

彼らの計画の立て方を、

彼らのソフトウェアの作り方を。

そして、ユニコーン企業と競うにはどうすればよいのかも。

2021年4月

Jonathan Rasmusson

お目にかかれて光栄です

　今どきのテック系ユニコーン企業のソフトウェア開発はこれまでとは別物だ。書籍に書かれているようなアジャイルなんてやってない。もちろんスクラムもだ。ユニコーン企業のやり方はもう全然違っている。なんだかうまいことやっていて、スタートアップみたいな働き方で、エンタープライズ企業みたいなスケールを達成しているんだ。

　本書はあなたをその舞台裏に連れていく。Google、Facebook、Amazon、それからSpotify。こうした企業の秘密に迫る。すなわち彼らは一体……

- どうやってスケールさせているか
- どうやって組織化しているか
- どうやって権限を与えているか
- どうやって信頼しているか

つまり本書はユニコーン企業の仕組みの書籍だ。

　これが役に立つのは、あなた自身やあなたのチームがもっといい仕事をするためだけにとどまらない。ユニコーン企業はどうしてこんなにも速く動けるのか、どんどんイノベーションを起こせるのか。ユニコーンならぬ我々が、彼ら

に追いつき、競うためにはこうした知見が欠かせないんだ。

本書の読み方

どこからでも読みたいように読んでもらってかまわないが、本書の構成を説明しておく。

最初の章で扱うのはソフトウェアデリバリーの姿だ。スタートアップの目にソフトウェアデリバリーはどう映っているのか、従来型企業が今後プロダクトでスタートアップと競っていくには何を再発見しなければならないのかを説明する。

その後は数章にわたって、テック企業で働くのはどんな感じなのかを伝える。また、人の動かし方や組織化、向かう方向を揃える方法などについて、テック企業と従来型企業との間にどれだけ大きく隔りがあるのかも見ていく。

そして最後のパートでは、文化について踏み込みながら、ユニコーン企業と従来型企業の働き方の違いを紹介する。どちらも大切にしていること自体に変わりはないことがわかるだろう。ただ、ユニコーン企業は「大切にする」のやり方が違っている。

本書の用語

本書では定義せずに雑な使い方をしている用語もあるが、特徴的な用語はその意図をいくらか明確にしておこう。

スタートアップ

本書においてスタートアップとは、50名未満の小さな企業を想定している。スタートアップには何かアイデアやひらめきがあって、革新的なプロダクトやサービスで世界に挑もうとしている。

ユニコーン企業、テック企業

ユニコーン企業とは、まるで魔法のような存在だ。これは極めて稀にしか見つからないテック企業のことで、実際に革新を成し遂げている。Google、Amazon、Facebook、Spotifyなんかがこれに該当する[†1]。本書で「ユニコーン企業」と言うとき、それは評価額が10億ドル規模の企業でありながら、スタートアップみたいに運営されている企業のことだと思ってほしい。単に「テック企業」という場合は、ユニコーンになることを目指しているが、まだそこまでは至っていない企業のことを指す。本書ではどちらも「スタートアップみたいな働き方で、エンタープライズ企業みたいなスケールを実現している企業」という意味合いで使っている。本文中でも厳密な区別はしていないので、実質的には同じものを指していると解釈してもらってかまわない。

それから、ユニコーン企業の働き方には似通っているところがあるとはいえ、本書で取り上げる例の多くは、私のSpotifyでのアジャイルコーチとエンジニアとしての経験にもとづいている。Google、Apple、Facebook、Amazonに言及することもあるが、大半はSpotifyの話になっている。

エンタープライズ企業、従来型企業

これは私たちの勝手知ったる存在だ。我らが勤め先、巨大で、動きが鈍く、変化の遅い企業のことだ。こうした企業はユニコーン企業とは対照的だ。なぜなら、エンタープライズ企業は最も改善しがいのある存在だからである。

[†1] 訳注：2013年にベンチャーキャリタリストのAileen Leeが「ユニコーン企業」という概念を提唱したときの定義は、創業10年以内、評価額10億ドル以上、非上場、米国拠点のテック企業（当時は39社）。ユニコーンと呼ぶのは、その統計上の希少性を神話的な幻獣になぞらえたもの。本書での定義は著者独自のものである

"READY PLAYER ONE?"[†2]

　本書の内容を深刻に受け止めすぎないでほしい。楽しんで読んでもらえたら幸いだ。

　そのために、全編に絵や体験談、小ネタをまじえることにした。その方が楽しく読み進めてもらえると思ったからだ。

　途中でこういう「ハート」を見かけたら、そこは信じられないほどの示唆に富んだ、知恵の実の受け取りポイントだと思ってほしい。

権限を持った小さな職能横断チームこそが、プロダクト開発とイノベーションの速度の基盤である

　次のような「フルーツ」に出会ったときは、少し時間を取って考えてみてほしい。質問されている内容に答えてみよう。何かしら自分たちの役に立てられそうだろうか？

 FOOD FOR THOUGHT

チームが「権限を与えられている」とは思えなくなること
ワースト3

1. _____
2. _____
3. _____

 ここに書いて

---

†2　訳注：アーネスト・クラインの小説『ゲームウォーズ』(SB文庫) の舞台である仮想世界OASISへユーザーがログインした際に表示されるメッセージ。映画版の日本公開時タイトルは『レディ・プレイヤー1』

では、始めよう。

お問い合わせ

本書に関する意見、質問等は、オライリー・ジャパンまでお寄せいただきたい。

株式会社オライリー・ジャパン
電子メール　japan@oreilly.co.jp

この本のWebページには、正誤表やコード例などの追加情報を掲載している。

https://www.oreilly.co.jp/books/9784873119465（和書）
https://pragprog.com/titles/jragile/competing-with-unicorns（原書）

オライリーに関するその他の情報については、次のオライリーのWebサイトを参照いただきたい。

https://www.oreilly.co.jp
https://www.oreilly.com（英語）

謝辞

本書を完成させるにあたり、感謝を伝えたい人がたくさんいる。熱意ある著者のための素晴らしい出版社を作ってくれたAndy Hunt。全編にわたって素晴らしい編集をしてくれたMichael Swaine。レビューアの皆さん。Marcus Hammarberg、Lisa Crispin、Janet Gregory、Gary Bergmann、Kristian

Lindwall、Diana Larsen、Luu Duong、Aleksandr Kudashkin、David W. Robinson。皆さんからのフィードバックのおかげで本書をより良いものにできた。執筆の手助けとサポートをしてくれた愛すべき妻Tannis。それから、Spotifyの素晴らしい人々。みんなが私にすぐれた働き方を示してくれたことに感謝したい。特に、私のマネージャーだったMarcus FrödinとKristian Lindwallは、私がもっと高いところへ到達し、さらにその先を目指せるよう、チャレンジを与え続けてくれた。

　最後に、母と父の愛とサポートに感謝している。

目次

1章
スタートアップは
どこが違うのか

スタートアップはイテレーション[†1]を重ねる。プロダクトにものすごく集中する。学習を特に大切にする。従来型企業だって、こうしたことを重視しているかと問われれば「ええ、もちろんです！」と答えるだろう。けれど、実際にやっていることを見れば、そうじゃないことがわかる。

この章では、スタートアップにはどんな違いがあるのか、プロダクトでスタートアップと競いたければ、従来型企業は何を再発見する必要があるのか、なぜ両者でソフトウェアの目的の捉え方が大きく違っているのかを見ていく。

そこから新規プロダクト開発に取り組むためのプラクティスを学べるのはもちろんだが、この章の内容はそこに留まらず、スタートアップみたいな働き方をするのに欠かせない、文化や姿勢を変えていく足がかりにもなるはずだ。

[†1]　訳注：本書での「イテレーション」は古典的なアジャイル開発手法の用語である「開発期間のタイムボックスへの分割」ではない。たとえば毎年新しい iPhone が出荷されているような、リリースの繰り返しによって改善や発展を重ねていく取り組みを指す（頻度はプロダクトの性質により異なる）

1.1　スタートアップは「火星」から来た

　もしあなたがスタートアップ（もしくはスタートアップみたいに運営されているユニコーン企業）に入社したら、すぐに違いを感じることだろう。スタートアップのソフトウェア開発では、スケジュールや納期、予算は関心事の中心ではない。彼らが重視するのは、顧客、インパクト、学習だ。

　どうしてそんなことになっているのか。まずは、スタートアップはなぜエンタープライズ企業なら当然のこと（計画に従うとか）を重視せずに、探索、発見、学習に力を入れているのかを簡単に見ていこう。

存在が保証されていない

　スタートアップは他人から時間を借りて生きている。スタートアップには太い常連客も定期的な収益もない。銀行口座にある資金は限られている。だからこそ迅速にトラクション[†2]と価値を示す必要がある。

　ここで大事なのは、切迫感があるという事実じゃない。スタートアップが「自分たちは素早く動かねばならない」と常に感じていることが重要なんだ。スタートアップは自分たちが何を作るべきなのかをまだわかっていない。だから早急にそれを見極めねばならない。さもなくば、ゲームオーバーだ。

CONTINUE ?

9

PRESS START

---

†2　訳注：顧客の需要を示す定量的な数値あるいは成長の度合いのこと

生か死か。それはプロダクトの強さ次第

スタートアップは、創業直後であれば純粋なアイデアだけでもやっていけるかもしれない。しかし、ひとたび資金を調達したならば、早々に価値を示す必要に迫られる。通常これはプロダクトを通して達成される。

スタートアップはプロダクトがすべてだ。デモで見せるのはプロダクトだ。新しい顧客をひきつけるのもプロダクトだ。資金調達するのもプロダクトだし、学習するのもプロダクトを通じてだ。もしユーザーが「再生」ボタンを押しても音楽が流れなかったら目も当てられない。

だから、スタートアップはプロダクトがすべてだ。スタートアップは実験とイテレーションを繰り返し、学習を続けていくことでプロダクトマーケットフィット（Product/Market Fit、PMF）の達成を目指す。

プロダクトマーケットフィットを求めて

プロダクトマーケットフィットとは、適切な市場に向けた最適なプロダクトを見つけ出すことだ。これこそスタートアップが探し求めているものだ。これを見つけさえすれば、勝てる。スタートアップはそのことを重々承知している。

プロダクトマーケットフィットを完璧に達成すると、こうなる。

- プロダクトを作るスピードが追いつかない
- サーバーを追加しても利用の拡大に追いつかない
- 資金が流入しすぎて使い切れない
- 人材需要に採用が追いつかない

大量の未知と向き合う

スタートアップは日々、自分たちの居場所を見いだそうと大量の未知に向き合っている。誰が顧客になってくれるのか。何がプロダクトにあればいいのか。

どうやって利益を上げるかなんて皆目見当もつかない。

　でもそれで問題ない。スタートアップとはそういうゲームだ。そして、この状況がスタートアップを実験と学習へと傾倒させていく。なぜなら、スタートアップの本質とは「学習する機械」であることだからだ。

1.2　「学習する機械」

　スタートアップがスピード以上に重視しているのが、学習だ。

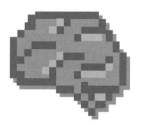

> どうすれば競合に
> 打ち勝てるのか？

　スタートアップは競合に打ち勝とうとする。素晴らしいアイデアがあるなら、競合にとってもそれは素晴らしいものだ。だからスタートアップは競い合う。そのレースで競うのはスピードだけじゃない。未知を明らかにすることを競っ

ているんだ。

　このレースを勝ち抜くためにスタートアップは色んなことに取り組む。なかでも特に重要なのは、ソフトウェアやプロダクトの開発でイテレーションを重ねることだ。

スタートアップはイテレーションを重ねる

　スタートアップのプロダクト開発ではひたすらイテレーションを重ねる。プロダクトを一度だけ構築して勝利を宣言するのではなく、計測、分析、テストの結果から得られた知見をプロダクトに何度も何度もフィードバックする。

1000回

　これには探索的で発見的なマインドセットが求められる。プロダクトは決して「完成」することがない。イテレーションを繰り返す毎に目指すべき場所へと少しずつ近づいていくだけだ。

　スタートアップはこのやり方で価値を実証する。トラクションを示す。そして度重なる調整の果てに、顧客が本当に求めているところに近づいていく。

　このやり方をスケールさせるには、メンバー全員が自分で考えられることが極めて重要だ。そのためにスタートアップでは実践しているが、エンタープライズ企業ではやっていないことがある。それは、権限を与えることだ。

スタートアップは権限を与える

Spotify、Amazon、Google、Facebookは従業員に権限を与えて信頼する。従来型企業はそんなことはしない。テック企業は従業員に財務情報を公開する。あらゆるデータを信じて委ねる。開発者に自分のマシンへの管理者アクセス権限を与える。そして常にチームにこう問い続ける。「どんな支援があればもっと速く進める？」

これは解放的な働き方だ。もう、ひどいスケジュールや貧弱な開発環境のことでマネージャーに文句を垂れなくてもいい。チームがすべてを自分たちの責任で進めていくんだ。

ユニコーン企業は従来型企業よりもずっとチームを信頼し、権限を与えている。その結果は、仕事の質とプロダクトの質としてあらわれる。

一旦まとめよう。スタートアップにとってソフトウェアデリバリーの目的は、こうだ。

- 実験して学ぶ
- プロダクトマーケットフィットに向けて調整する
- 投資家に価値を示す
- 自分たちが変な方向に進んでないことを自分たちで確かめる

ここからはちょっとギアを切り替えて、従来型の大規模なエンタープライズ企業はソフトウェア開発の目的をどう捉えているのかを見ていこう。

1.3　エンタープライズ企業は「金星」から来た

スタートアップはなぜ、エンタープライズ企業とは異なるアプローチでソフトウェアデリバリーに取り組んでいるのか。これを理解するには、それぞれが別の世界から来ていることを把握しておく必要がある。

スタートアップやテック企業は、プロダクトの開発力と顧客へのサービス提

供能力で生死が決まる。テック企業にとってプロダクトの構築とは「未知」を検
証することであり、プロダクトを顧客の目の前に届けることだ。そしてこれは、
プロダクトが適切なものになるまでイテレーションを27回繰り返すことでもあ
る。極めて反復的で非常に探索的な、外を向いた活動だ。

　これがエンタープライズ企業だともっと内を向いた活動になる。重視される
のは社内業務の自動化で、システム開発の名目はいつも、生産性の向上と業務
の効率化だ。要件はあらかじめ定められており、顧客は社内にいる。未知の要
素は比較的少ない。よってエンタープライズ企業ではマネジメントに重点が置
かれる。期待に応じられているか。予測可能であるか。計画通りであるか。

　現在、エンタープライズ企業の内部では2つの世界が衝突している。新規プ
ロダクト開発の世界と社内業務システム開発の世界だ。スタートアップが既存
市場への参入とディスラプト†3を続けているため、エンタープライズ企業も新規
プロダクトや新規サービスで対応しなければならなくなっている。しかし、そ
のスピードとペースには慣れていない。この状況はスタートアップにとっては
実に好都合だ。

　スタートアップは顧客にフォーカスしており、市場にあるギャップの見極め
が得意だ。素早く状況に適応して学ぶことにたけているので、実務遂行の段と
なればエンタープライズ企業を引き離す。そこですぐにエンタープライズ企業
が学ぶのは、社内業務システム開発では重宝していた定石が、新規プロダクト
開発には通用しないということだ。これまでのやり方ではうまくいかないのだ。

　プロダクトの領域で競おうとしているのに、エンタープライズ企業がおかし
がちな2つの大きな過ちがある。

---

†3　訳注：ディスラプト（Disrupt）はスタートアップの文脈では「価値観を揺るがす」「既存の
　　概念を覆す」といった意味合いで使われる。ビジネス用語では「破壊的イノベーション」
　　が"Disruptive Innovation"の訳語である

1. プロダクト開発を社内業務システム開発と
   同じように扱ってしまう

2. チームに十分な自律性と信頼を与えない

実態として、今日のエンタープライズ企業のほとんどは「学習する機械」では
ない。彼らが心を砕いているのは期待に応じることばかりだ。

今やあらゆる企業がソフトウェア企業だ

Mark Andreessenがかつて「ソフトウェアが世界を飲み込んでいる
(Software is eating the world)」と言ったことはよく知られている。
彼は正しかった。Appleは銀行になりつつあるし、Uberは交通手段を、
Airbnbは宿泊施設を、Netflixはエンターテインメントの世界を根本か
ら変えてしまった。Spotifyも音楽業界を完全にディスラプトした。それ
らすべての中心にあるのがソフトウェアだ。

MicrosoftのCEOであるSatya Nadellaが言うように「今やあら
ゆる企業がソフトウェア企業」だ。自動車製造だろうが、保険販売だろ
うが、銀行経営だろうが、その中心にあるのはソフトウェアだ。ソフト
ウェアを使いこなしたり、生み出したりできる能力が企業の成功を左右
する。そしてその度合いは大きくなるばかりだ。

今や世界中のほぼすべての自動車メーカーがシリコンバレーにオフィ
スを構えている理由もそこにある。シリコンバレーに自動車製造にまつ
わる何かがあるからではない。彼らの目当ては、そこに山ほどあるソフ
トウェアそのものと、その作り方についての知見だ。

https://www.satellitetoday.com/innovation/2019/02/26/
microsoft-ceo-every-company-is-now-a-software-company/

1.4 「期待に応じる機械」

どんな企業だって「学ぶことを大切にしてますか？」と問われれば「イエス」と答えるだろう。しかしその行動を見れば、学習よりも重視していることがあるのがわかる。それは、期待に応じることだ。

応じられるべき期待の設定は組織のトップ、つまりCEOから始まる。CEOが次年度に向けた展望を語る。そこには翌四半期に株主はどんな期待を持てるのかということが含まれる。ここが期待に応じることの始まりだ。

設定された期待は年間予算へと変換された後、最終的にはチームのレベルにまで下りてくる。このとき、予算はプロジェクトや計画の姿をしてあらわれる。

かくしてプロジェクトや計画には厳しいコミットメントが求められる。トップからの期待に確実に応じるため、エンタープライズ企業では専門家を幹部として雇う。彼らはプロジェクトマネージャーと呼ばれ、組織内でこれらのコミットメントを管理し、すべてが計画通りに進むように時間と労力を費やす。監視。そして報告。他の何よりも「計画通り」であることが評価される。ソフトウェアデリバリーの観点でもそこは変わらない。エンタープライズ企業では「計画通り」であることこそが成功なのだ。

2つの世界を表にして比較してみると、スタートアップとエンタープライズ企業との間でのソフトウェアデリバリーに取り組む姿勢の違いが鮮明になる。

エンタープライズ	スタートアップ
内向き	外向き
計画に従う	学習する
既存業務の自動化	新規プロダクト開発
未知が少ない	未知が多い
プロジェクト駆動	プロダクト駆動
一回限り	リリースを重ねていく
納期と予算	顧客とインパクト

エンタープライズ	スタートアップ
トップダウン	ボトムアップ
弱い権限と信頼	強い権限と信頼
計画に忠実	計画を生み出す

　エンタープライズ企業におけるソフトウェアデリバリーとは、そのほとんどが、内向きの、既存業務の自動化を対象としている。顧客が誰なのかは知っているし、要件もわかる。詳細を明らかにする必要があったとしても、既存システムを調査すれば何を自動化すべきかは把握できる。ここでは「発見」は重視されていない。計画に忠実であることこそが重要なのだ。

　スタートアップではこれが正反対だ。スタートアップは計画すべきことを探している。顧客が何を求めているのかを発見しようとしている。何を作ればいいのかなんて誰も教えてくれない。スタートアップは、本当の顧客を巻き込んで、なすべきことを発見せねばならない。これこそスタートアップが学習を特に大切にしている理由であり、ソフトウェアデリバリーでも探索的にリリースを重ねていくアプローチを採用する理由だ。

それでどっちが良いわけ？
スタートアップのやり方？
それともエンタープライズのやり方？

　これは優劣の問題ではない。それぞれ解いている問題が全然違うんだ。

　エンタープライズ企業が採用しているアプローチは、計画性と予測可能性にすぐれている。1年前に計画を立てて、何を開発したいのかを特定し、そのためのプロジェクトを一回限りの取り組みとして扱う。これは予測可能性が高い。事前に計画を立てるのにも向いている。

　スタートアップのプロダクト開発サイクルは違う。プロダクトを一回限りの

ものとしては扱わない。完成させる必要はあるが、その道のりは一直線ではない。何度もイテレーションを繰り返す。プロダクト開発には継続的な投資が必要だし、長期的な視野に立つことが求められる。発見と学習にもしっかりと力を入れていかねばならない。デリバリーの扱い方と向き合い方が従来型企業とはまったく違うんだ。

ここがエンタープライズ企業の苦戦しているところだ。身軽になって競争力を高めようにもうまくいかない。エンタープライズ企業はソフトウェアデリバリーを単なる社内業務の自動化と捉えるのをやめなきゃだめだ。ソフトウェアデリバリーは、これまでに思いつかなかった新規プロダクトや新規サービス、機能を「発見」するための手段だ。考え方を変えなければならない。

皮肉なことに、すっかり動きが鈍くなってしまったエンタープライズ企業も、かつては小回りの利くスタートアップだったはずだ。ただ、当時みたいに筋肉を上手に柔らかく動かす方法を忘れてしまっているだけなんだ。

うまくいっているユニコーン企業はここが違う。成功しているユニコーン企業は、自分たちのチームを小さなスタートアップのように運営しながら、同時にエンタープライズ企業のような規模の経済性も獲得している。

作ったところで誰も来ない

とある企業でプロジェクトマネージャーとして働いていたときのことだ。その企業は、電力・電源販売事業（業績はとても好調だった）から、畜産業にピボットしたいとのことだった（どうして……）。結論として、それはかなり困難だということがわかった。

その企業は、安くプロトタイプを作って何かを素早くリリースして、顧客が現れるかどうかを見極めることはせず、この新規ベンチャー事業を他の社内業務システムのプロジェクトと同じように扱ってしまった。数百万ドルの予算を確保して、2年を費やしてプロダクトを構築した。それをリリースしてわかったのは、欲しがる人なんてどこにもいない、

ということだけだった。完膚なきまでの失敗。CEOはクビになった。

　この逸話の教訓は、エンタープライズ企業がスタートアップみたいに
イノベーションを起こしたいと思うなら、社内業務システム開発と同じ
定石集は使えない、ということだ。プロダクト開発はまったく別のゲー
ムだ。ルールも違うし、エンタープライズ企業で通用していた考え方（計
画に従うこと）を捨て去らねばならない。代わりに、もっと探索的なマイ
ンドセットを身につける必要がある。

　プロダクトを作ったところで、顧客がやってくることは期待できない。
スタートアップでもこの考え方の餌食になっているところはたくさんあ
る。

1.5　つまり、こういうことだ

　まとめよう。すごいプロダクトを開発できるチームを作りたければ、チームが
世界を眺めるのに使うレンズを変えなきゃならない。つまり、こういうことだ。

1. 成功を再定義する

　成功とはもはや計画に従うことじゃない。プロダクト開発における成功とは
「発見と学習」だ。最初のプロダクトをとにかく早く世に出すのもそのためだ。
そしてこれを素早く、何度も何度も繰り返す。失策をおかすこともあるだろう。
だが、リリースを重ねるごとにプロダクトは良くなっていく。なぜ良くなってい
るのかがわかるのかというと、あらゆる段階でトラクションを追い求めており、
それぞれの過程でインパクトと価値を計測しているからだ。

2. 学習とは何であるかを心得る

「問い」から始めよう。「答え」は既にわかっているというつもりなら、それは思い込みだ。やめよう。あなた自身には「これはすごいプロダクトになるぞ」という直感が働いているかもしれない。しかしそれは本当なのか。実際に検証するまではわからない。だから実験と学習にぐいぐいフォーカスしていこう。「完全に理解した」と決めつけてはいけない。

3. 未知の状況でもうまくやっていける人材を探す

このやり方で働くとなると、「答え」を探しに外へ出かけていかねばならない。オフィスの椅子に座って誰かが仕様を渡しに来てくれるのを待ってちゃだめだ。誰も要件なんて持ってきてくれない。自ら探し求めて「発見」するんだ。これを気に入らない人たち、椅子に座ってたら何をすべきかを指示してもらえることを好む人たちもいる。そういう人にはこの手の仕事は向いていない。必要なのは「探検家」や「開拓者」だ。単なる「移住者」は要らない。

4. 失敗してはいけないという思い込みを払拭する

プロダクト開発では失敗はゲームの一部だ。失敗したら「罰を与える」ような会社では、本当に必要な人材の採用に苦労することになるだろう。だから、失敗してはいけないという思い込みを払拭すること。チームにも会社にも、物事がまともに進むようになるまでには幾度もの失敗が予想されることを理解してもらおう。プロダクト開発は一発勝負じゃない。初回のリリースは始まりに過ぎない。

5. 権限を与え、信頼することで仕事をやり遂げる

　陳腐な言い回しにはなるが、大抵の企業は従業員をまったく信頼していない（少なくともテック企業のようには信頼していない）。すごいプロダクトを作るのは、強い権限が与えられている、信頼されたチームだ。これについては**3章**で、チームを組織的にサポートしながらどうやって権限を与えるのかを詳しく説明する。

　いいかい？　これを簡単なことだなんて思わないでほしい。実際に取り組むとなれば、あらゆる方面から抵抗を受けることになるだろう。何をもって成功とみなすかを再定義して、キャリアパスも見直す。成功の定義を変えるなら、昇進できる基準だって変えていく必要がある。現状打破とはいつの世も困難なものだ。変化をもたらすあらゆる段階で、あなたは自分に牙をむく人たちとの衝突に巻き込まれることになるだろう。

警告：誰もがこの働き方を気に入るわけじゃない

　とはいえ、状況は良い方向に変わりつつある。従来型企業も度重なる挑戦を受け、ディスラプトを経験した結果、これはいよいよ選択肢が無くなりつつあると気づきはじめた。生き残るには、もっと新規プロダクト開発を上手くならないと。彼らも「レベルを上げる」ことが必要だとわかってはいる。そのためには現状から抜け出して、自分たちが小さなスタートアップだったあの頃、当時はうまくやれていた仕事の進め方を再び発見しなければならない。

　そこでまずやらなきゃいけないのは、視点を変えることだ。これについては、ここまで読み進めていればもう完了している。次に必要なのは実際に仕事の進め方を変えることだ。これは次の章で扱おう。

母船から離れる：IBM PC はどうやって作られたか

マインドセットの変革はどんな企業でも向き合うのは難題だ。テック企業も非テック企業もそこは変わらない。IBMだって経験をしている。IBMが1970年代に市場を圧倒していたメインフレームコンピューティングの分野から、パーソナルコンピュータというほとんど未経験の分野に移行したときのことだ。

当時、ミニコンピュータの分野でDECやWangにシェアを奪われていることを自覚していたIBMは、パーソナルコンピュータの分野では取り残されるわけにはいかないと決意した。しかしそこにはひとつだけ問題があった。

IBMにはこれまで、300人が3年かけて開発するようなやり方でしか製品を出荷した経験がなかったのだ。IBMに残されていた時間では、かつての定石を踏んでいる余裕はなかった。新しい何かがIBMには必要だった。

そこで立ち上がったのがBill Loweだ。彼が言うには1年以内にごく少人数のチームでそれを実現できるという。ただし1つ条件があった。それは「母船」から離れること、つまりIBMはチームに一切関与しない、というものだった。どうやって製品を開発するのかについて、チームが完全なコントロールと発言権を持つことが条件だった。IBMはこれに同意した。

IBMはパーソナルコンピュータの開発チームを、本社[†4]から遠く離れたフロリダ州ボカラトンに置いた。部品の調達や、サードパーティベンダーからのソフトウェアの供給をどうするのかはチームに任せて、基本的には完全に独立したビジネスユニットとして活動させた。そして1年後、当時はまだ創業期のスタートアップだったMicrosoftから提供され

---

†4　当時のIBM本社はニューヨーク州アーモンクにあった

たオペレーティングシステムを採用してIBM PCは完成し、出荷された。1年以内という期限に間に合ったのだ。この開発期間はIBMの歴史上、どのハードウェア製品よりも短いものだった。かくして、パーソナルコンピューティングの新しい波がやってきたのであった。

https://www.ibm.com/ibm/history/exhibits/pc25/pc25_birth.html

 FOOD FOR THOUGHT

もしもプロジェクトがなかったら、あなたのソフトウェアのデリバリープロセスはどうなりますか？

_____

_____

チームは、開発するプロダクトをどれぐらい
自由にできますか？

すこし	たくさん
☐	☐

チームが開発したプロダクトに戻って
改善を加える頻度は？

頻繁に	たまに	全然
☐	☐	☐

チームが開発したソフトウェアは誰が
メンテナンスしますか？

チーム自身	他の誰か
☐	☐

1.6　"Think Different"[†5]

　プロダクト開発は社内業務システム開発とは異なる。エンタープライズ企業
や従来型企業は計画に従うことに最適化するが、スタートアップやテック企業
ではそうじゃない。スタートアップは「学習する機械」だ。学習、実験、発見を
特に大切にする。

　このやり方でプロダクトを開発するには、未知の世界で働くことに慣れてい
くことが求められる。成功の定義も見直す必要がある。新規プロダクト開発で
は、失敗が悪いことだという思い込みを払拭しなければならない。

　テック企業流のソフトウェアデリバリーの考え方がわかれば、いよいよ「ユニ
コーン企業のひみつ」に迫る準備が整う。ユニコーン企業は、エンタープライズ
企業での仕事の進め方の筆頭ともいえるプロジェクト方式を採用しない。代わ
りに彼らは、チームに権限と自律性を与える「なにか」を使う。その「なにか」は
「ミッション」と呼ばれている。

[†5]　訳注：1997 年の Apple Computer（当時）の伝説的広告スローガン。「ものの見方を変え
　　よう」というメッセージが込められている。日本語版の Wikipedia の記述がひと通りま
　　とまっている。https://ja.wikipedia.org/wiki/Think_different

2章
ミッションで目的を与える

テック企業はプロジェクトで仕事を進めない。ミッションで進める。この章ではその理由を学ぶ。ミッションの視点から仕事を定義できるようになると、チームに目的を与えられるようになり、チームが自分たちで答えを見つけることを推進できるようになる。だが、ミッションの効果はそれだけではない。これは、ミッションを果たすための遂行責任と説明責任を本来あるべきところ、つまりチームに渡すことでもあるのだ。

この章を最後まで読むことで主に次の3つを理解できる。ミッションとは何か。なぜプロダクト開発にはミッションの方が適切なのか。ミッションのどんな仕組みがテック企業を迅速に動けるようにしているのか。

2.1　プロジェクトの問題点

プロジェクトは、前もって計画を決めておく必要のある仕事には適した手法だ。しかし、何か新しいものを作るのにはあまり向いていない。その理由はいくつかあるが、何よりもまずプロジェクトは、期間があまりにも短い。

期間があまりにも短い

　プロジェクトにはその定義により、始まりと終わりがある。だから、終わりがくれば、プロジェクトはそこまでだ。みんな荷物をまとめて家に帰る。そんなことではプロダクト開発はうまくいかない。プロダクト開発は最初のバージョンで終わりじゃない。それはまだ始まりにすぎない。プロダクト開発では、そこからプロジェクトが特に苦手としていること、つまりイテレーションを重ねることが続く。

フィードバックの機会がない

プロジェクト　　　　　　　　　　　　　　　　プロダクト

　プロダクト開発は極めて反復的なプロセスだ。あるバージョンを作る。リリースする。フィードバックを得る。このイテレーションを 27 回繰り返す。プロジェクトの進め方はそうなっていない。最初のバージョンをリリースする。勝

利を宣言する。おしまい。プロジェクトはフィードバックを反映したり、学んだことを取り入れるためのものではないんだ。

プロジェクトはあまりにも融通が利かない

え、でもこれ……

計画！

そう、プロジェクトはあまりにも融通が利かない。「ゴールポスト」が設定されたら、そこを目がけて突き進むだけだ。途中で何かを発見したって、寄り道したり新しい知見を取り入れたりする余地は多くない。計画に含まれていないことは、やらない。

そしてプロジェクトで何よりも苛立たしいのは、メンバーから力を奪ってしまうことだ。プロジェクトは考えることをやめさせてしまう。

プロジェクトは力を奪う

考えちゃだめだ、
ひたすら刻めばいい……

　プロジェクトでは、チームは直感に従うこともできないし、納期や予算のせいで学んだことを取り入れることもできない。これはチームに考えることも、気にかけることもやめさせてしまう。こんな状況はプロダクト開発で求められているものとはまったく逆だ。

　けれども、プロジェクトだとどうしてもそうなってしまう。これはプロジェクトが間違ったことにフォーカスしているからだ。

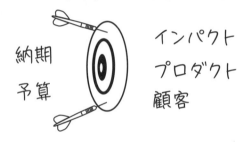

プロジェクトは間違ったことにフォーカスしている

　テック企業では、プロジェクトが予定の±10%に収まったかなんて誰も気にしない。そんな質問に意味はないからだ。意味があるのは「実証」だ。実証とは、顧客が欲しいと思うものを作ることであり、価値あるものに向かって進んでいると示すことである。

　そういうわけで、テック企業はプロダクト開発にプロジェクト方式は採用しない。単にそれではうまくいかないからだ。代わりにテック企業は別の「なにか」を使う。その「なにか」はこうなっている。

- チームが長期的な視点で考えるインセンティブを与える
- チームに探索できる時間と余地を与える
- 途中で学んだことを取り入れられる

- 仕事そのものにフォーカスする
- 計画に従うことよりもインパクトを重視する

2.2 これが「ミッション」だ

ミッションとは、チームに与えられる、抽象度が高めの目標だ。ミッションの役割は、チームの仕事を企業レベルの大きな目的の達成に向けて方向づけることにある。

チームに与えられる、
抽象度が高めの目標

✔ 仕事の方向づけ

✔ 目的の提供

✔ 長期的な視野

✔ どうやって果たすかは
チームが決める

たとえば、Googleにとって「北極星」となる目標は「世界の情報を整理すること」だ。これがGoogleの存在する目的だ。そのためのミッションは、速く検索できること、正確に検索できること、そして世界中の情報を簡単に見つけられるようにすることだ。

テック企業はプロジェクトではなくミッションを使って仕事を定義する。たとえば、Spotifyではこんなミッションがあった。

- 新しい音楽を簡単に見つけられるようにする
- リビングルームを制する
- 朝の通勤のお供になる

ミッションはプロダクトに限定しなくてもいい。プロダクト以外の例も挙げて

おこう。

- 他のエンジニアリングチームがもっと速く進めるようにする
- クラウドストレージの設定を簡単にする
- 会社の株式公開（IPO）準備を整える

他の業界なら、ミッションはこんな感じだろうか。

産業分野	ミッションの例
ケーブルテレビ	一般家庭のネット接続を制する
銀行	日々の支払いの一番手になる
フィンテック	不正利用を瞬時に検知する

　プロジェクトではなく、ミッションによって仕事を定義することのメリットはたくさんある。

2.3　ミッションはチームの自発性を高める

　ミッションは従業員を従わせるのではなく、従業員に自分の頭で考えさせる。詳しくは**3章**で見ていくが、ミッションを遂行する人たちが自分で自分の仕事を生み出す。ミッションはチームの当事者意識を高める。解決策を自分で考えさせる。チームが自発的に仕事に取り組むようにする。

2.4　ミッションは目的を意識させる

　目的はものすごく大事だ。今日出社してこなす仕事が誰かの暮らしを楽にすると思えるなら、それはあなたの「帆」に吹く風となるだろう。仕事を有意義に感じられる。関わりたくなる。全力を尽くす。一日が終わる。また仕事のできる明日が待ち遠しくなる。次の日も。その次の日も。

2.5　ミッションは仕事そのものにフォーカスさせる

　チームは、自分たちがいるのは長い道のりの途中だと承知している。開発したものにイテレーションを重ねて、メンテナンスしていくのは自分たちだ。だからこそ自分たちの仕事に関心を持ち、心を砕く。テック企業のプロダクトの品質が高い理由はここにある。システムを開発した人たち自身がメンテナンスもしている。これが大きな違いを生むんだ。

　開発したチーム自身がメンテナンスを続けていくことの利点は、単にプロダクトが良くなっていくことだけではない。チームが時間をかけて培った集合的な経験と知恵を活用できる。これがプロジェクトだと終了とともにチームは解散してしまう。ミッションを遂行中のチームはずっと一緒のままだ。

　そして何より、ミッションは本当に大切なことに改めてフォーカスし直す。本当に大切なこととは、仕事だ。仕事が実際の価値を生む。予算やスケジュールはそうじゃない。

　プロジェクトとミッションの違いを表にまとめておこう。

プロジェクト	ミッション
予算がある	チームの人数が予算
終わりがある	期間に定めがない
短期間	長期間
プロジェクトマネージャーがいる	プロジェクトマネージャーがいない
開発だけして引き継ぐ	開発もメンテナンスもする
完成したら解散する	チームは一緒のまま
計画にフォーカス	顧客にフォーカス
期待に応じることが価値	インパクトが価値
トップダウン	ボトムアップ

　目的によって動機づけられたチームにとって、プロジェクトは無価値だ。だからテック企業ではプロジェクトを採用しない。テック企業はチームに目的を与え、何よりも重要な要素である仕事そのものにフォーカスさせて、その道のりを邪魔するあらゆるものを取り除く。テック企業がとても素早く動けるのは、こうした理由によるところが大きい。

「だからこそ、早く進められた」

　プロジェクトという仕事の形式を投げ捨てたのは、スタートアップが歴史上初めてというわけではない。大企業だって迅速な行動を迫られれば、プロジェクトを捨てる。1952年、当時IBMは新しいビジネスコンピューターを早急に開発せざるをえなくなった。そこで、綿密な計画を立てるのを止めて、予算やスケジュールのことを脇に置いて、チームに自分たちで仕事を管理させることにした。

　「だからこそ、早く進められたのかもしれません。スケジュールなんて作っていたら、もっと仕事が遅くなっていたでしょうから」—— Jerrier Haddad（IBM 701 のマネージングエンジニア）

https://www.ibm.com/ibm/history/ibm100/us/en/icons/ibm700series/

ちょい待ち。わからないところがあるんだけど。予算がないのにどうやってチームを運営するわけ？

　ミッションの原則に従うと、ミッションの予算とはチームの人数のことだ。以上。無数の細かい予算を追うようなことはしない。テック企業が追う支出はチームの人数だけだ。

　これは、ほとんどの企業の予算編成手法とは大きく異なる。よくある流れは、まず、翌年度に向けて実施したいプロジェクトを提案する。次に、それが予算として承認されるのを待つ。晴れて承認されれば、翌年度にそのプロジェクトを実施できる。テック企業はそんな風に予算を編成しない。彼らはそんなのは完全に時間の無駄だと思ってる。

　テック企業は年度の支出を固定する。それは既にいる従業員で何とかするということだ。与えられたリソースのなかで最大限の仕事をするんだ。

ミッションが変更されたり、状況が変わって意味がなくなったりしたらどうするわけ？

　ミッションは定期的に変化するし、なかには短期のミッションもある（株式公開に向けた準備など）。とはいえ、ミッションを定める際には基本的に、上っ面だけとか、平凡なものは避けたほうがいい。大きく出るような、会社の中核をなすような、目的があるものがいい。

　たとえば、ケーブルテレビ会社のミッションなら「一般家庭へのケーブルモデム設置を簡単にする」ではいまいちだ。「一般家庭のネット接続を制する」みたいな感じで、もっと大きく出よう。

2.6　ミッションの例

　例として、車の中で音楽を聴きやすくすることを担当したチームのミッションを紹介しよう。

スクワッド名　デロリアン

ミッション　　車の中での音楽体験を史上最高にする

どうやって　　朝の通勤時間帯のシェアで圧倒する
　　　　　　　主要な自動車メーカーをすべてサポートする
　　　　　　　2大プラットフォーム
　　　　　　　（Apple CarPlayとAndroid Auto）と連携する

バックログ　　BMW連携のバグ修正
　　Fordのサポート改善
繰り返す　　　Tesla向けフィーチャーフラグ
　　　　　　　CarPlay用に利用統計を追加

　このチームの名前は「デロリアン」だ。チームのミッションは、かつてない最高の運転体験を生み出すことだ。チームはこのミッションを達成するために、音楽サービスをさまざまな自動車メーカーと連携もさせれば、究極の通勤時間とはどんなものかも真剣に考えるし、2大統合プラットフォーム（Apple CarPlayとAndroid Auto）上で音楽を聴けるようにもする。

　3章で「スクワッド」とは何であり、典型的なエンタープライズ企業のアジャイルチームとはどう違うのかを説明するつもりだが、その前に、次のポイントを押さえておいてほしい。

1. プロジェクトはない

　「デロリアン」にプロジェクトはない。（従来の意味での）予算もない。プロジェクトマネージャーもいない。チームはプロダクトオーナーと協力して仕事を進める。プロダクトオーナーは全社的なプロダクト戦略とのつながりを把握している。そこで、チームとプロダクトオーナーは一緒になってバックログ[†1]を作成し、優先順位をつける。そうやって経営リーダーからチームに与えられたミッ

[†1]　訳注：本書では「未着手の仕事のリスト」一般を「バックログ」としている。スクラムの用語である「プロダクトバックログ」と「スプリントバックログ」とは異なる

ションを達成する最善の手段を探る。

2. イテレーションを重ね続ける

　チームに本当の意味での終わりはない。ミッションは目的地ではあるものの、決してそこに辿り着くことはない。けれど、そこに向かってチームは努力する。これは仕事への向き合い方や考え方を大きく変える。

　チームは、一連のユーザーストーリーを一度だけ開発して勝利宣言するのではなく、継続的に過去の仕事を見直して、ユーザー体験をもっと改善できる方法を探す。

　これは同じユーザーストーリーを定期的に何度も繰り返すことになる。イテレーションの度に収集できるデータは増えるので、得られるインサイトが改善される。これはいわば、もっとすぐれた解決策に向けて三角測量をしているともいえる。典型的なエンタープライズ企業のプロジェクトでは、こんなことはやっていない。

3. チームがバックログを持つ

　細かい話に思えるかもしれないが、ここは重要なポイントだ。ミッションを設定するのは経営リーダーだが、そこにどうやって到達するかを決めるのはチームだ。だからバックログもチームが自分たちの狙いを表現する手段の一つになる。

　チームは自分たちで自分たちの仕事を生み出す。何を作る必要があるのかを決めるのはチームだ。チームはプロダクトオーナーと一緒に、バックログに入れるユーザーストーリーを生み出す。これはプロジェクト方式での仕事の進め方とは向きが反対だ。プロジェクト方式の仕事では、ユーザーストーリーはすでに定義されている。チームは渡されたユーザーストーリーを「野菜を刻む」ようにこなすだけだ。

だから、チームに渡すミッションは……

- 会社にとって重要なものにしよう
- そのチームで責任を果たせるものにしよう（他への依存を少なくしよう）
- どうやって達成するかの計画はチームが協力して考えられるものにしよう

  FOOD FOR THOUGHT

あなたのチームにはミッションがありますか？	＿＿＿＿＿
もしあるなら、どんなミッションなのか 把握していますか？	＿＿＿＿＿
ミッションは、チームの仕事のガイドとして 重要な役割を担っていますか？	＿＿＿＿＿
会社の皆さんが仕事について考える視点は 長期的？　短期的？	＿＿＿＿＿

2.7　目的を与えよう

　プロジェクトは新規プロダクトを開発するのに向いていない。柔軟性に欠けるし、プロダクト開発には欠かせない、フィードバックの仕組みもない。だからユニコーン企業や大手テック企業ではプロジェクトを採用しない。

　代わりに使われているのがミッションだ。ミッションは長期的な目標で、チームが完全なオーナーシップを持つ。ミッションを実現させる方法もチームが自分たちで探っていく。ミッションが浸透したチームでは、メンバーはこれまで以上に積極的に関わり、質の高い仕事をするようになる。また、そうしたチームには、本当に求められているものを発見するのに必要な時間と検討の余地も

与えられている。

　次の**3章**ではスクワッドを扱う。チームがどのようにしてミッションを受け取り、ミッションにもとづいて行動するのかを学ぶ。ミッションを持ったスクワッドはどうやって自分たちで期待を設定し、計画を立て、仕事を生み出すのかも見ていく。準備ができたら、スクワッドの世界に足を踏み入れていこう。

3章
スクワッドに権限を与える

この章では、テック企業でプロダクトを開発するエンジンとなる存在である、少人数の、自律した、必要な権限を持ったチームを扱う。Spotifyではそういうチームを**スクワッド（Squad）**と呼んでいる。

スクワッドの仕組みを学ぶと、よりすぐれた、品質の高いプロダクトを構築できるようになるだけではなく、テック企業はどうやって望ましい意思決定を下し、作業の引き継ぎを減らし、他チームとの仕事の調整を簡単にしているのかも理解できる。つまり、全員でもっと速く進むにはどうすべきかがわかる。

テック企業ではチーム編成が成功を左右する。エンタープライズ企業によくあるアジャイルチームとスクワッドとを比較することで、「権限付与と信頼」という考え方がどれだけ有効なのかを理解してもらえると思う。

3.1　スクワッドとは？

スクワッドとは、少人数で、職能横断（Cross-Function）の、自己組織化されたチームだ（多くの場合、8名以下で編成される）。スクワッドは同じオフィスに席を並べて、自分たちが作ったプロダクトの隅々まですべてに責任を持つ。

スクワッド

デリバリーするプロダクトの隅々まですべてに
責任を持つメンバーが揃ったチーム

✓ 作ったものを自分たちでメンテナンスする

✓ 自分たちで自分たちの仕事を生み出す

　自律した小さなチームがテック企業の運営で果たす役割がどれだけ重要なの
かは、いくら強調してもしすぎることはない。自律した小さなチームはテック企
業のあらゆる活動の中心だ。新規プロダクトの開発、新たな市場への参入、株
式公開の準備。どの場合であっても、テック企業では自律した小さなチームが
その中心にいる。それはテック企業に次のような信念が深く根ざしているから
だ。

権限を持った小さな職能横断チームこそが、
高速なプロダクト開発とイノベーションの
基盤である

　だからテック企業はスクワッドに信頼を寄せる。テック企業はその組織運営
において、スクワッドを適切に機能させることに膨大な時間と労力を投入して
いる。これはスクワッドが彼らの企業活動の中核を担うハブの役割を果たして
いるからだ。

　ここまで読んだ時点ではまだ、スクワッドといってもプロジェクト方式によく
あるアジャイルチームと大して変わらなさそうに見えるだろう。だが、もう少し
深く掘り下げていけば、スクワッドは期待されていることや働き方が大きく違う
んだと納得してもらえると思う。これからその主な違いを見ていこう。

Spotify のエンジニアリング文化

　スクワッドの働き方とSpotifyのエンジニアリング文化全般について
は、Henrik Knibergによる素晴らしい解説動画があるので、それを見

てほしい。Henrikは2本立ての動画で、スクワッドはSpotifyでどう機能しているのか、Spotifyのエンジニアリング文化はどう発展してきたのか、そしてスクワッドが組織全体にどう馴染んでいるのかを見事に解説している。

ぜひ「Spotify Engineering Culture」でググってみてほしい[†1]。

3.2　スクワッドはどこが違うのか？

スクワッドがエンタープライズ企業のアジャイルチームと明らかに違うのは、与えられている権限と信頼が段違いだというところだ。テック企業はチームを単なる「野菜切り係」とは見ていない。テック企業にとってチームとは、ただプロダクトを開発するだけの存在ではない。顧客の問題を一緒に解決したり、それこそプロダクト自体を生み出していくような、重要なコラボレーターとして信頼されている。

では、エンタープライズ企業のアジャイルチームとスクワッドは具体的にどこが違うのかを見ていこう。

スクワッドは自分たちで仕事を生み出す

エンタープライズ企業のアジャイルチームが仕事をプロジェクトという形で渡されるのとは異なり、スクワッドは顧客の問題に対する解決策を自分たちで考えて、自分たちで仕事を生み出す。

---

†1　訳注：2019年にKniberg氏が自身のYouTubeチャンネルにアップロードしたものがある。Part 1 は https://youtu.be/Yvfz4HGtoPc、Part 2 は https://youtu.be/vOt4BbW LWQw

何を　ミッション　経営リーダーはゴールを設定する

どうやって　スクワッドは到達手段を見いだす

　到達すべきミッションがあり、仕事をやり遂げるのに必要な人員も配置されている。何をどう開発するかはスクワッドが決める。スクワッドはミッションを果たすために自分たちに必要だと思う仕事を自分たちで生み出す。

　これは責任のありかが根本的に異なる。事前に仕事は用意されていて、解決策があることを前提とする（プロジェクト方式のアプローチがこれだ）のとは異なり、テック企業ではスクワッドにミッションを与えて、自分たちで解決することを促す。社内業務システムのデリバリーではこんなやり方はしない。だが、プロダクト開発をうまくやりたいのなら、責任というものへの態度と考え方を実際に変えなきゃだめだ。

スクワッドは自分たちで作ったものをメンテナンスする

　スクワッドは自分たちで開発したものをメンテナンスする。なぜか？　理由はこうだ。

学びはメンテナンスのなかにある

　スクワッドは最初のリリースで終わりじゃないと心得ている。これはまだ始まりに過ぎない。顧客が望むものを見いだすという本当の仕事は、リリースした

後に始まるのだ。

　スクワッドが自分たちで開発したものをメンテナンスするのはこれが理由だ。すごいプロダクトはイテレーションを数え切れないほど重ねる。プロダクトをもっと良くする方法を探るためには、イテレーションを通じた実験が必要だ。これを他のチームに任せるわけにはいかない。スクワッド自身の手でプロダクトをメンテナンスして、イテレーションを重ねていかねばならない。

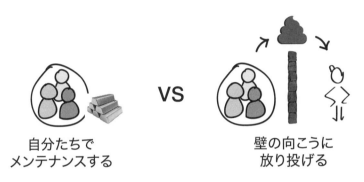

そういうわけで、期間の終了とともに解散して仕事を他の誰かに任せるプロジェクト型チームとは異なり、スクワッドは一緒のままだ。引き続き、自分たちで開発したプロダクトのイテレーションを重ねていく。

スクワッドは自分たちで優先順位をつける

　スクワッドの担当する仕事は多い。プロダクトを開発してメンテナンスすることに加えて、他チームの救援にも駆けつける。時には自分たちのミッションを一時保留にすることが要請されて、会社が他の領域へと進む邪魔になっている「大きな岩」をどかす手伝いを頼まれたりもする。

　テック企業ではスクワッドに何をすべきかを細かく指示しない。その代わり、スクワッドに裁量の余地を多く与えて、自分たちで優先順位をつけられるようにしている。こうすることで、ある領域の仕事はいつ保留すべきで、他の領域はいつ開始すればいいのか、その最適なタイミングをスクワッド自身が柔軟に

判断できる。

　これは何でも自由にしていいという意味ではない。スクワッドは好き勝手には振る舞えない。スクワッドには「良き市民」であることが求められる。必要があれば他のチームを助けるし、自分たちのプロダクトやサービスをメンテナンスしながら、四半期ごとの目標達成も目指さねばならない。

　だからスクワッドのモットーは、こうなっている。

 自律せよ。だが局所最適に陥るな

　このモットーで伝えようとしているのは、自分たちの仕事はこなすべきだが、そのために他チームのことは「我関せず」ではいけない、ということだ。他のチームからプルリクエスト（コードの変更要求）が来ればレビューすべきだし、定期的に自分たちの仕事を脇に置いて、他の大事な取り組みも支援すべきだ。スクワッドは自分たちにとっての最善だけでなく、会社全体にとっての最善のために仕事をする。

スクワッドは計画よりもインパクトを重視する

　スクワッドも計画を立てる。だが、計画そのものはゴールじゃない。テック企業が何よりも大切にしているのはインパクトだ。インパクトとは、仕事の結果が何らかの形で顧客の役に立ったという具体的な証拠のことだ。

　インパクトはさまざまな方法で計測できるが、大抵はビジネスの成功と結びつくような指標にする。

- 新規登録数は？
- MAU（月間アクティブユーザー数）は？
- リテンション（顧客維持率）は？
- ネットプロモータースコア（顧客がプロダクトを推薦する可能性）は上がってる？　下がってる？

- 車で聴かれてる音楽のトレンドは？　テレビだとどうなってる？
- プロダクトに加えた変更をリリースするまでの速度は上がってる？

　鍵となる指標にフォーカスすることで、余計な心配事を減らす。見積り通りか。予算通りか。計画通りか。典型的なプロジェクトでありがちな揉め事をテック企業は取り除く。みんなの労力と集中力をできる限り仕事そのものや顧客へと向けられるようにする。

スクワッドは準備ができ次第リリースする

　なかには厳しい期日が設定されているスクワッドもあるが、大抵のスクワッドでは、リリースタイミングは「準備ができ次第」だ。そんなんじゃスクワッドはリリースしなくなるのでは……と不安になるかもしれないが、心配は無用だ。

　実際にはスクワッドは定期的にリリースしているし、その間隔も短い。それに普段から、MVP（Minimal Viable Product、実用最小限の製品）をできるだけ早くリリースすることが奨励されている。どうしてかって？　スクワッドは最初のバージョンは「正しくない」と心得ているからだ。だから顧客からフィードバックを得たい。しかしフィードバックを得るにはリリースしなければならない。そこで、テック企業はどんどんリリースする。

　とはいえリリースにはトレードオフもある。たとえば、Spotifyは質の高いプロダクトをリリースすることに定評がある。「これは良さそう」と思ってもらえなさそうならリリースしたくない。

　ここでも「リリースに値するかどうか」を判断するのはスクワッドだ。スクワッドはテストに十分な時間をかける。デバッグにも時間をかける。当然、きちんと開発できるだけの時間も確保する。

　ほんの一握りの従業員にしかサービスを提供しないような社内業務システムとは違って、大手テック企業の開発するプロダクトは数百万人に向けてサービスを提供している。「であれば、リリース前にはもっと慎重に、注意深くなるの

では？」と思うかもしれない。ところが、実際に起きていることは逆だ。エンタープライズ企業と比べると、大手テック企業はずっと短い周期で、頻繁にリリースしている。それが可能なのも、スクワッドによるリリースが「準備ができ次第」になっているからこそだ。

スクワッドは自律している

　期限や予定に縛られないことで、チームは自由に実験、工夫、創造、アイデアの試行錯誤ができる。これは、期日に追われているスクワッドが皆無だというわけでもなければ、間に合わせるべき予定なんて存在しないというわけでもない。ここで言いたいのは、開発に臨む姿勢そのものが違う、ということだ。

　スクワッドはユーザーストーリーをバックログから取り出して実装するだけの機械ではない。スクワッドのメンバーに期待されているのは、質問すること、自分たちが何をしているのかを考えること、チームの進む方向が間違っていれば声を上げることだ。たとえばこんな感じだ。

- この後に控えているシステム連携に備えて、新しくプロトタイプをスパイクしておくべきでは？
- そろそろ仕事のギアを切り替えて、GDPR絡みの新しい個人情報保護の準備に集中した方がいいんじゃ？
- それとも先延ばしにしていた大規模リファクタリングのチャンス到来？

　「スクワッドが自律している」というのは、スクワッドが長期的な視点に立てることと、デリバリーにまつわる無数のトレードオフのバランスを取れる権限を持っていることを意味する。これがテック企業の「権限付与と信頼」の姿だ。

　自律していることがもたらす効果は、すぐれた意思決定を導きだせることや、引き継ぎを減らすことだけに留まらない。仕事がもっと楽しくなるし、働き方も生産的になる。それにほとんどの人は、自分が手綱を握って、本当の意味で自分の仕事に発言権を持てることを気に入るものだ。

スクワッドは手を動かす人だけで編成される

　スクワッドには、何をしているかよくわからないような人はいない。ほぼすべてのメンバーがデリバリーに直接関係している。プロダクトオーナー、デザイナー、テスター、エンジニア。全員が席を並べて、イテレーションを重ねながら、プロダクトをリリースする。

　その意味で、スクワッドでは見かけることのない役割が2つある。プロジェクトマネージャーとスクラムマスターだ。

　プロジェクトマネージャーがいないのは、プロジェクトがないからだ。応じるべき期待の設定や調整など、従来のプロジェクトマネージャーが担っていた重要な仕事が消滅したわけではない。ただ、それらはもうプロジェクトには結びつけられていない。スクワッド制では、こうした仕事はミッションの傘下にいるプロダクトオーナーが推進していくことになる。

　スクラムマスターがいないのは、ユニコーン企業ではスクラムをやっていないからだ。

　スクラムマスターがいないからといって、Spotifyや他の企業が、チームのアジリティ向上をコーチする役割を活用することに消極的だったわけではない。むしろ逆で、最初のうちはアジャイルコーチを徹底的に活用していた。たとえば、Spotifyではアジャイルコーチを、チームにアジャイルデリバリーを確立するうえで欠かせない存在だと考えていたし、社内の「文化大使」としての重要な役割も担っていた。アジャイルコーチは他にも、編成されたばかりのチームの支援もしていた。新しいチームはうまくいったりいかなかったりの浮き沈みも激しい。アジャイルコーチはこれを乗り越えられるように手助けをしていた。アジャイルコーチはSpotifyの初期の成功に大きな役割を果たした、チームのコアメンバーだった。

　ここで言いたいのは「プロジェクトマネージャーやスクラムマスターなんて重要じゃない」ということではない。どちらも間違いなく重要だ。あなたの職場の優秀な人たちにも、デリバリーを助けるべく実際に手を動かすことで貢献して

いて、しかもプロジェクトマネージャーやスクラムマスターの役割もうまくこな
せそうな人がいるんじゃないだろうか。ソフトウェアをデリバリーするにあたっ
ては、そういう人をないがしろにしてはいけない。

　今後あなたが職場でスクワッドを編成することになった場合に備えて、肝に
銘じておいてほしいことがある。それは、スクワッドは「無慈悲で苛烈なデリバ
リー精鋭部隊」だということだ。スクワッドのメンバーは実際に手を動かす人た
ちにしよう。デリバリーに直接貢献するメンバーだけで編成して、そうじゃな
い人たちは外すんだ。

　一方、ここまでとは逆の話もある。ユニコーン企業ではとても頼りにされて
いるのに、エンタープライズ企業ではそうでもない役割が2つある。それは、
プロダクトマネージャーとデータサイエンティストだ。

3.3　プロダクトマネージャー

　プロダクトマネージャー（「プロジェクト」マネージャーと混同しないこと）は、
スクワッドが「何をするのか」を導くことに責任を持つ。スクラムのプロダクト
オーナーと同様に、プロダクトマネージャーはスクワッドの進む方向を決める。
その方向はプロダクト全体や会社の戦略と結びついている（Spotifyではプロダ
クトマネージャーの役割をプロダクトオーナーと呼んでいた）。

　プロダクトマネージャーは「このプロダクトは何をすべきか」について、信頼
のおける情報源になることでプロダクトのデリバリーを導く。スクワッドと協力
して戦略を定義し、ロードマップを策定し、機能の定義を考える。マーケティ
ング、売上予測、損益計算の責任にも何らかの関わりを持つ。

　テック企業におけるプロダクトマネージャーの人物像はこんな感じだ。

- 技術に明るい（多くは元エンジニアだ）
- 「プロダクトセンス[2]」にすぐれている

---

†2　訳注：限られた情報の中で、選択肢を探り、トレードオフを理解し、主要な利害関係者
　　を調整して意思決定を行い、プロダクトを目的地に近づけていける能力のことを指す

- 強いリーダーシップと交渉スキルを備えている

プロダクトマネージャーは、物事を最後まで見届けられる能力を備えた推進役だ。

テック企業で彼らの人気が高く、重宝されているのもこれで説明がつくだろう。プロダクトマネージャーは極めて重要な役割なので、テック企業ではとても大切にされている（一流のプロダクトマネージャーは高給取りだ）。プロダクトマネージャーは新規プロダクトや新規サービスを世に出すにあたって、鍵となる役割を果たす。

テック企業ならではの役割のもうひとつは、データサイエンティストだ。

Googleで最初のプロダクトマネージャー

Marissa Mayer（Googleの12人目の社員。元YahooのCEO）は、Googleの初代プロダクトマネージャーだ。プロダクトについての意思決定を下すだけでなく、エンジニアの言葉も話せる人材の必要性を認識したMarissaがこの新しい役割を作った。Googleにおけるプロダクトマネージャーの役割と仕事の分野を定義したのも彼女だ。

そして現在、Googleにはたくさんのプロダクトマネージャーがいて、あらゆる種類のプロダクトを開発している。FacebookやAmazonのような企業でも同様にプロダクトマネージャーは活躍している。

3.4 データサイエンティスト

データサイエンティストは数学者でありエンジニアだ。チームがデータを使ってプロダクトの意思決定を下せるように支援する。企業は膨大な量のデータを収集しているが、意思決定に活用するには、収集したデータの処理、ク

リーンアップ、フィルタリングが必要だ。今日ではデータプロセッシングのコストは劇的に下がっているので、上級管理職に限らず、誰でもこうしたツールを活用してインサイトを得ることができる。

　Spotifyの場合、データサイエンティストは次のようにしてチームを支援していた。

- 収集するメトリクスを決定する
- さまざまな形式のデータフォーマットを揃えてクリーンアップする
- ベストプラクティスを適用したり命名規則を整える
- 何を検証すべきかについての仮説を立てる
- 結果が統計的に有意であるかを判断する
- データを分析する
- レポート、サマリー、ダッシュボードなど、可視化の設定をする

　チームを支援するデータサイエンティストは1人のこともあれば、2人のこともあった（データを分析できる状態にするだけでフルタイムの仕事になることもある）。Spotifyでは、どのスクワッドもこの種の専門知識を持ったメンバーに助けを求められる仕組みになっていた。メトリクスを収集して、その指標を使ってプロダクトの意思決定を下したり、自社のプロダクトが顧客にどう使われているかといった基本的なインサイトを得たり、といったことができるようになっていた。

　データサイエンティストの役割と、テック企業におけるデータサイエンティストの重要性については、後ほど**8章**で詳しく説明する。

　ここからは、チームが仕事をスクワッドのように進めていくために欠かせない2つの要素を順番に見ていきたい。ひとつは、分離されたアーキテクチャでプロダクトを開発すること。もうひとつは、権限付与と信頼の文化を醸成することだ。まず、分離されたアーキテクチャからだ。

3.5 分離されたアーキテクチャ

　分離されたアーキテクチャとは、アプリケーションのさまざまな部分同士が互いにほとんど依存していないアーキテクチャのことだ。Spotifyの例で説明しよう。Spotifyのデスクトップクライアントの最初にリリースされたバージョンは、すべてが結合された巨大なモノリスだった。

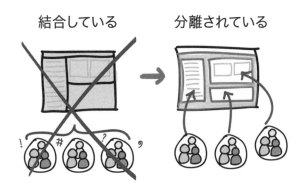

　プレイリスト、再生コントロール、レコメンデーションエンジンのすべてが強く結合し、相互に絡み合っていた。どこかの領域を変更すると、他の領域にも大きな影響が及んでしまっていた。

　この問題を解決するために、Spotifyはアプリケーションをきちんと定義された小さなパーツへと分割した。そしてアプリケーションの領域それぞれをスクワッドが責任を持って担当するようにした。こうすることにはいくつかの利点がある。

1. 複数チームが並行して同じプロダクトに取り組める

　これがテック企業のスケールさせるやり方だ。巨大で複雑なプロダクトを、小さく独立した要素へと分解していく。こうすれば各チーム同士がお互いの邪魔になるような事態を防げる。複数チームが並行して同じプロダクトに取り組

めるようになるのだ。

2. リリースを分離できる

　アプリを分割することで、各チームは独立して作業できるようになるだけでなく、リリースも独立しておこなえるようになる。アプリの分割は作業の引き継ぎを回避できるし、他チームの作業完了を待つ時間も最小限に抑えられる。各スクワッドが自分たちのプロダクトの担当部分を「準備ができ次第」リリースできるのもアプリを分割しているからだ。

3. メンテナンスとデバッグが容易になる

　機能を区画に仕切って、プロダクトのあちこちに散らばらないようにすることで、トラブルシューティングやデバッグ、ひいてはプロダクトの品質を高く保つといったことが容易になる。統合時のバグみたいなものが発生することはあるだろうが、機能が仕切られていれば、バグを突き止めるのも修正するのも難易度が下がる。

4.「爆発半径」を抑えられる

　どこかがおかしくなったとしても、アプリ全体がダウンすることにはならない。影響を受けるのは問題の生じた部分だけだ。アプリの他の部分は問題なく動作する。

アプリの一部は吹き飛ぶ
かもしれないが……

他の部分は無事である！

スクワッドに独立して動いてもらいたければ、他チームへの依存を最小限に抑える方法を見つけ出す必要がある。複数チームで同じプロダクトに取り組む場合、お互いが邪魔にならずに済む確実な方法は、アーキテクチャを分離することだ。

次に、信頼について説明しよう。

3.6　自律、権限、信頼

権限付与と信頼がなければ、スクワッド制はうまくいかない。チームに自分たちで決定してもらいたい、当事者意識を持ってもらいたい、もっと先に進んでもらいたいと思うなら、チームを信頼しなければならない。単純な話だ。

あなたがチームに対して、彼らを信頼していないとか、彼らには問題解決の権限が与えられていないと思わせるような素振りをみせた途端に、チームは自律しなくなる。チームは、あなたからプロジェクトを渡されて、何をすべきかを指示されるのを座して待つようになる。

おそらくここが最も恐ろしく感じる部分だと思う。だが、スクワッド制で仕事を進めようとするならば、経営リーダーはこれを受け入れねばならない。こんなに大きな責任をチームに持たせるだなんて、初めはとてつもないリスクに思えるだろう。

- もしチームが成果をあげなくなったら？
- もしチームが自分たちがかっこいいと思うものを勝手に作るだけの存在になったら？
- もし何もリリースしなくなったら？
- ケツを持つのはこっちじゃないか！

それはそう。マネージャーや経営リーダーにとってこんなに恐ろしいことはない。経営リーダーの皆さんはヒエラルキーに慣れ親しんでいることだろう。これまで必死に仕事をこなしてきたはずだ。他人に何をすべきかを伝えること

で大きく成功してきたんじゃないだろうか。

　だが私から言えるのは、これがテック企業のやり方だということだけだ。こうやってテック企業はスケールさせている。だから、部下に権限を与えて信頼してみよう。そうした場合の彼らの働きぶりに、良い意味でびっくりさせられるかもしれない。

　何を根拠に言ってるのかって？　すごいテック企業ですごいプロダクトを作っている従業員の多くは、従来型企業の出身者だ。つまり、みんなかつてはあなたのような上司の下で働いていた人たちじゃないか！

　いまはテック企業で働いているとはいえ、彼らもかつては従来型の大企業で働いていたエンジニアやプロダクトマネージャー、テスターやデザイナーだったわけで、勤め人という意味では変わらない。違う働き方に惹かれて転職したに過ぎない。テック企業で彼らが良い働きをみせているのは、権限付与と信頼の度合いが違うからだ。もしあなたが、部下に権限と信頼を与えたにもかかわらず、それが結果にはつながらなかったとしよう。それはそれで悪くない。少なくとも「間違った人材を雇っていたんだな」ということがわかる。問題がわかれば、解決に向けて動くことができる。どちらに転んだとしても、前進できるというわけだ。

　テック企業は単に優秀な人材を雇っているんじゃない。優秀な人材を作っているんだ。手ごわくてやりがいのある仕事を与えて、それを遂行できるだけの権限を与える。失敗したらサポートする。そうやって人を育てている。

　テック企業勤務の人たちがすぐれた仕事をしているのは、無料のラテやテーブルサッカー台のおかげなんかじゃない。権限が与えられ、信頼されているからこそ素晴らしい仕事をしているんだ。

3.7　経営リーダーのためのヒント

　自分のチームにこうした働き方を望む経営リーダーやマネージャー向けに、簡単なヒントを紹介しておこう。

チームに発奮興起してもらおう

　経営リーダーとして、あなたが現在の地位までたどり着いたのは、賢明で、勤勉で、不正解よりも正解の回数が多かったからだろう。そうしたあなたの特性やこれまでの経験は、今後もチームを支えるのに役立てられる。ただ、これからはチームに発奮興起してもらおう。

　チームに発奮興起してもらう、というのは何をすべきかを指示することじゃない。チームに時間の余裕と探索範囲の余地を与えて、物事を自分たちで考えられるようにすることだ。もちろん、だからといってアドバイスや提案をしてはいけないということにはならない。

　ただし、何をすべきかをあなたが指示してしまうと、チームはその仕事を「自分たちの仕事」だとは思わなくなる。指示した途端に「あなたの仕事」になってしまう。チームに乗り込んでいって助けたい衝動に駆られるかもしれないが、そこはぐっとこらえよう。チームにやってもらうんだ。チームの仕事にしよう。

　Steve Jobs もこう言っていた。「スマートな人たちを雇って何をすべきかを指示してどうする。スマートな人たちを雇ってるんだ。彼らが我々に何をすべきかを教えてくれる」

チームに間違えてもらおう

　経験は偉大な教師であり、「間違える」というのはすぐれた学び方だ。チームがミスをしでかしたとする。たとえそれがあなたのアドバイスを聞き入れなかった結果だったとしても、「言わんこっちゃない」と言いたくなる気持ちは抑えよう。その代わりに、ミスにつまずいてしまったチームを地面から立ち上がらせよう。埃を払って、再び挑戦するように伝えよう。

　これには2つの効果がある。1つ目。「間違えたって大丈夫」というメッセージになる。間違えることはゲームの一部なんだ。2つ目。「チームを信頼してますよ」というメッセージになる。あなたがチームへの信頼を示せば、チームもあな

たを信頼してくれるようになる。

　こうすれば、今後チームが間違いをしでかしたとしても、チームはあなたのことをチームを支えるための存在だと理解しているので、あなたのアドバイスに対して心を開いてくれるはずだ。

「間違い」に備えよう

　チームに任せてはみたものの、取り組んでいることが「これは絶対にうまくいかないな……」と思えるようなものだったらどうすべきか？　その「間違い」に備えるんだ。これは私自身も、自分で思っている以上に数多く経験した。ただし「間違い」といっても、私自身による問題分析が「間違っていた」こともある。私がチームに提案しようとした解決策よりも、チームが編み出した解決策の方がずっと良かった、という意味で私が「間違っていた」こともある。チームが自分たちで解決策を編み出したときには、良い意味で驚かされるし、そこにはあなた自身が学べることもあるはずだ。

楽しい名前を選んでもらおう

　大したことではなさそうに聞こえるかもしれないが、スクワッドの名前は自分たちで選んでもらおう。名前を選ぶことで、スクワッドのブランドが確立する。名前はスクワッドのアイデンティティだ。名前とは彼らそのものだ。テック企業においてスクワッドは、家族とか所属するスポーツチームみたいなものなんだ。

デロリアン　　　ユニシャーク　　アイアンバンク

　チームに名前がついていると、社内で自分の立場を伝えるのにも使える。チーム名がわかれば、あなたがどのチームに所属していて、どんな仕事を担当

しているのかがわかってもらえるようになる。これは単に「財務部で働いてます」と言うよりもずっと楽しい。「私の所属するスクワッドでは決済フローを担当しています」みたいに説明しなくても「アイアンバンクから来ました」で伝わるようになる。

3.8 Q&A

> こういう働き方が好みの人を探すには、どうすればいいの?

次のような特徴を備えた人物を探そう。

- 独り立ちしている
- 責任を持つことを楽しめる
- 率先して行動する
- 自分の運命をコントロールしたい
- マイクロマネジメントが嫌い
- 継続的に学習している
- 失敗を恐れない
- 他人とのコラボレーションを好む
- 良きチームプレイヤーである

こんなの誰だってチームメイトに求めたいことのリストじゃないかと思うかもしれない。だが、座っていたらプロジェクトを割り当てられて、何をすべきかを指示してもらえるというのが好みの人を雇ってしまったら、スクワッドはうまく機能しない。

　仕事のことを気にかける人を探そう。お金だけが目的じゃなく、良い仕事を
したいと思っている人物がいい。なぜなら……って、理由は説明不要だろう（仕
事以外に何があるの？）。強い権限と信頼を与えられるなら、きっとスクワッド
向きの人材を惹きつけられるはずだ。

スクワッドと経営陣とで意見が合わなかったら
どうなるの？！

　スクワッドと経営陣との間で意見が合わないことはある。私にも経験がある。
たとえば、Spotify を Sony PlayStation に対応させるスクワッドと働いていたと
きことだ。この仕事の締め切りは厳しかった。Sony が自社の音楽サービスを終
了させるタイミングに間に合わせなければならない。締め切りには絶対に遅れ
るわけにはいかなかった。

　まあ、当然、想像に難くないが、そんな仕事にはあらゆる困難が待ちかまえ
ているもので、到底締め切りには間に合わなさそうに見えた。その時点で経営
側からスクワッドに提案が持ちかけられた。他チームにも仕事を頼むか、スク
ワッドにメンバーを追加してはどうか、と。スクワッドはこの提案を拒否した。

　まあ、当然、そうなれば、経営側としては窮地に追い込まれる。「スクワッド
は締め切りに間に合わせるつもりがない」と経営陣は受け止めた。ところがスク
ワッドの方は「これでいいのだ」と考えていた。さてあなたならどうする？

　このケースでは、経営側が一旦は譲歩した。そして時は過ぎ、締め切りが近
づいて、チームが「追い込みモード」に突入した頃、経営側はチームに対して、
社内で最も優秀な JavaScript エンジニアを1名、数週間だけ手伝わせることを
提案した。困難な時期を乗り越えるため、というのが名目だ。チームはこれに
同意し、そのエンジニアはまず1週間だけチームに参加した。チームは彼のこ
とを気に入ったので、そのままチームに留まってもらうことになった。結局、仕

事は締め切りには間に合った。

　こういったケースに唯一絶対の答えはないが、一般論としてはチームに判断してもらうのが良い。どうするのが（自分たちだけでなく）会社にとって最善なのか。権限が与えられ、信頼されているチームなら、こうした局面でも適切に振る舞う。それに「結論を出す」という行為自体はチーム自身にやってもらうことが望ましい。

　なぜなら、あなたがチームの領域に踏み込んで何をすべきかを指示すればするほど、チームに与えられている権限や信頼は減ってしまうからだ。そんなことはあなたも望んでいないはずだ。

誰がスクワッドをマネジメントするの？

　SpotifyにはPOTLACと呼ばれるマネージャーのグループがあり、スクワッドが「健やかであること」に責任を負っていた。POTLACの構成メンバーは、チャプターリード（この役割については**4章**で説明する）、アジャイルコーチ、スクワッドのプロダクトオーナーだ[†3]。このグループの仕事は、チームの健全性を定期的に把握すること、問題が発生した場合には対処すること、チームが自分たちの成功に必要なものをすべて得られるようにすることだった。

　POTLACは、ときにはメンバー同士の適切な組み合わせを見つけ、またあるときは、スクワッドの代表メンバーを社内の他の部署に引き合わせることもした。POTLACは経験豊富なメンバーで構成されていたので、スクワッドの健全

---

†3　訳注：POTLAC自体はプロダクトオーナー（Product Owner）、チームリーダー（Team Leader）、アジャイルコーチ（Agile Coach）の頭字語。この名称に「固定」されたエピソードをMattias Janssonがhttps://www.infoq.com/articles/monthly-devops-03-spotify/に寄稿している

性を気にかけるのが自分たちの仕事であり、スクワッドの失敗は自分たちの失敗だということをよく心得ていた。だから彼らにはスクワッドが物事をうまく進められるよう支援する動機が十分にあったし、実際にそうすることを心がけていた。

 FOOD FOR THOUGHT

あなたのチームは「本当に」権限が
与えられていますか？　　　　　　　　＿＿＿＿＿＿

チームは自分たちで自分たちの仕事を
作っていますか？　　　　　　　　　　＿＿＿＿＿＿

自分たちのデリバリーするものの全てに
責任を持っていますか？　　　　　　　＿＿＿＿＿＿

自分たちで優先順位を決めていますか？　＿＿＿＿＿＿

デリバリーにまつわることで、チームが全責任を持つためには必要
だけれども、現在はチームに決定権がないことは？

1. ＿＿＿＿＿＿＿＿＿＿＿＿＿＿＿＿＿＿＿＿＿＿＿＿＿＿＿＿＿＿

2. ＿＿＿＿＿＿＿＿＿＿＿＿＿＿＿＿＿＿＿＿＿＿＿＿＿＿＿＿＿＿

3. ＿＿＿＿＿＿＿＿＿＿＿＿＿＿＿＿＿＿＿＿＿＿＿＿＿＿＿＿＿＿

3.9　権限を与える

　この章でたくさんのことを説明したのは、この章がものすごく重要だからだ。これで私たちは、テック企業でプロダクトを開発するチームのことを理解した。テック企業のチームは、十分な権限を与えられた信頼できる存在で、スクワッドと呼ばれている。彼らが開発するプロダクトはきちんと分離されたアーキテ

クチャになっており、チーム数が多くても並行して同じプロダクトに取り組める
ようにしていることも学んだ。

　ミッション (何をするか) を定めるのは経営リーダーの仕事で、解決策 (どうや
るか) を編み出すのはスクワッドの仕事だ。

　次の章では、この章で学んだ自律した小さなチームの考え方を、テック企
業が実際にどう運用して大規模なスケールにも適用しているのかを見ていく。
ページをめくって冒険を続けよう。トライブ、チャプター、ギルドの世界に飛び
込んでいこう。

4章
トライブでスケールさせる

自律した小さなチームは素晴らしい。けれど、彼らにもできないことがひとつある。それは、スケールすることだ。小さなチームでうまくいっていることをどうやって全社レベルにスケールさせるのか？　それがこの章のテーマだ。

この章では**トライブ（Tribe）**、**チャプター（Chapter）**、**ギルド（Guild）**といった単位のチーム編成について学ぶ。これらを学ぶことで、権限付与と信頼によるスタートアップ感を維持しながら、全体としてもっと大きな物事に同時並行で取り組めるようになる。

4.1　スケーリングの課題

スケーリングは手ごわい。スケールさせることは、プロダクトマーケットフィットを果たしたテック企業が直面する最大の課題のひとつだ。この段階では急速な成長と人材採用が求められる。テック企業はみんな、チームを小さく身軽なものに留めておきたいと考えている。規模を拡大するにしても、自分たちがその居場所を奪おうとしている既存企業のように、肥大化して動きが鈍くなることは避けたい。

　テック企業が求めているのは、両者の「いいとこ取り」だ。小さいチームのままスタートアップのように働きながらも、企業規模の拡大と成長による効率性と影響力を獲得したい。

　Spotifyのこの問題への取り組みのひとつが、メンバーをトライブ、チャプター、ギルドという単位で構成することだった。まず、このモデルの基本的な原則を見てから、具体的な仕組みを説明しよう。

4.2　スケーリングの原則

　Spotifyは、トライブ、チャプター、ギルドという組織モデルを考える際に、次の原則を念頭に置いていた。

トライブの原則

- スクワッド第一
- サーバントリーダー
- ミッションが肝心
- ミッション特化のフルスタック編成
- 人数は重要
- トライブ内での異動はOK

トライブ ／ チャプター ／ ギルド

ひとつずつ詳しく見ていこう。

スクワッドを第一に考える

　Spotifyは、最高のチームを擁する企業が勝つと信じている。そのため、Spotifyはスクワッドの立ち上げに多大な時間とエネルギーを費やす。スクワッドこそがクリエイティビティの源泉であり、プロダクトが作られる場所だ。スクワッド以外の組織構造（トライブ、チャプター、ギルド）はどれも、スクワッド

の支援と調整のために組まれた「足場」だ。チームの成功を助ける協働と貢献は、個人の成果よりも評価される。Spotifyは、高パフォーマンスなスクワッドを育成することが、企業として取り組むべき一番大事な仕事だと考えている。すなわち、スクワッドが高パフォーマンスを発揮できるようにサポートし、新たな人材を採用し、雇った優秀なメンバーが辞めずに働き続けてくれるような環境を整えること。これが彼らの至上命題だ。

サーバントリーダーを信じる

　Spotifyが好むリーダーは、担当するメンバーやチームの成長と健全性にフォーカスするような人だ。そうしたサーバントリーダー[†1]は、他者のニーズを第一に考え、メンバーとチームのいずれもが成長して、能力を最大限に発揮できるようになることを支援する。Spotifyではリーダーを、組織のアウトプット、実効性、士気の高さに責任を持つ存在であると位置づけている。

ミッションが肝心

　スクワッドとトライブのどちらも、どんな顧客に向けたものなのかがきちんと特定された、明快なミッションを持っていなければならない。ミッションには成功を示す明確な指標が必要であり、トライブはその達成に責任がある。

ミッション特化のフルスタック編成

　トライブにはミッション達成に向けた実験、学習、実行に必要なスキルがすべて備わっていなければならない。これは、ミッションの対象領域にまつわるエンジニアリング、設計、プロダクトの専門性が求められるということだ。トラ

---

†1　訳注：奉仕や支援を通じて、周囲から信頼を得て、主体的に協力してもらえる状況を作り出すリーダーシップスタイルのリーダーのこと。『サーバントリーダーシップ』（英治出版）を参照

イブの人数は、その活動を支えるのに十分な規模でなければならない。トライブの活動は幅広い。普段の業務をこなすことから、必要に応じて職能横断のスクワッドを編成してミッションを遂行したり、複数のスクワッド同士で集まって問題を解決したりすることまでが含まれている。

人数は重要

　過去の実績からわかったのは、トライブの理想的な人数は、下限を 40 人、上限を 150 人程度（ダンバー数[†2]）とした区間のどこかにあるということだ。

　人数に上限を設けているのは、トライブをまとまりのあるコミュニティとして感じられるようにするためだ。トライブは、スクワッド同士がお互いうまくやっていくために交流を深め、信頼を築く場所だ。一方、人数に下限があるのは、全社の組織モデルとの整合性と取りつつ、トライブ内に一定レベルの「機動性」を確保するためだ。

トライブ内での異動を促進する

　トライブ内であれば、メンバーは所属するスクワッドを自由に異動しやすくなっているべきだとSpotifyは考えている。機動性の高さは大事だからだ。とはいうものの「とにかく流動性を高めたい」というわけではない。スクワッドにとってメンテナンスは欠かせない仕事なので、ドメインにまつわる専門性がスクワッドに蓄積されることが重要だ。したがって、トライブをまたぐ異動は選択肢としては存在するものの、そう簡単におこなわれるものではない。

　以上が「Spotifyモデル」による開発を導く、高レベルでの原則だ。ここからは、この枠組みを掘り下げて、具体的な仕組みを見ていこう。

[†2]　訳注：イギリスの人類学者Robin Dunbarによって提唱された、安定的な社会関係を維持できるとされる人数の認知的な上限

4.3 トライブ、チャプター、ギルド

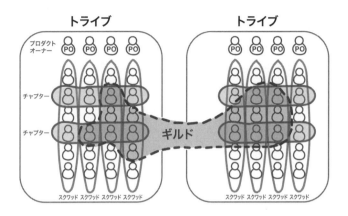

　トライブ、チャプター、ギルドはいずれも、スケーリングの問題に取り組むためにSpotifyが考案した組織の概念だ。プロダクトマーケットフィットを達成したスタートアップの例にもれず、Spotifyにも急激なスケールアップを迫られた時期があった。既存メンバーのまとまりを保ちつつ、同時に新たなメンバーを矢継ぎ早に加えながら、全員の生産性を迅速に高めていく方法を編み出さねばならなかったのだ。

　これには数多くの実験を重ねることになった。Spotifyはさまざまなチーム編成の手法を試した。従来からある手法はもちろん、そうでない手法も。そしてさまざまな試行錯誤の末に、それぞれは自律した小さなチームでありながらスケールの拡大にも対応できて、より大きな存在の一部であることを可能にする組織モデルにたどり着いた。

　このモデルのうち、まずはトライブと呼ばれる構成要素を見ていく。それから、トライブだけでは補いきれない領域を担当するための構成要素であるチャプターとギルドを紹介する。

4.4　トライブ

　トライブとは、担当するミッションが類似、関連しているスクワッドがまとまったものだ。たとえば「決済」の領域を考えてみよう。これをこなすのに複数のスクワッドが必要になったとする。登録、認証、支払い、といった分野を複数のスクワッドで分担するなら、こうしたスクワッドのまとまりがトライブになる。他にも、さまざまなハードウェア（自動車、テレビ、スピーカー）にソフトウェアを組み込む仕事をしているスクワッドがいるのなら、それが「ハードウェア」トライブになるかもしれない。

　スクワッドと同様にトライブも「フルスタック」だ。トライブも同じ場所に集まって仕事をする。多くの場合、トライブの人数は 150 人程度までに収まっている。

トライブ

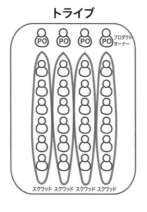

トライブ
類似、関連している
ミッションを持つ
スクワッドのまとまり

　トライブはそれ自体がミニ企業のようなものだ。トライブは特定のビジネス領域のすべてに責任を持つ。ビジネスを成長させるための計画や目標は自分たちで立てる。自分たちの計画は、「ベット（Bet）」と呼ばれる全社レベルの大きな取り組み（詳しくは **5 章**で説明する）と方向を揃えながら同時に進めていく。

　トライブのすぐれている点は、似ている問題にたくさんのメンバーが一緒に取り組むことから得られる相乗効果にある。たとえば、ハードウェアとスピー

カーを組み合わせるにあたって、テレビと車とで似たような技術課題を解決する必要があるかもしれない。そんな場合に、関連するチームがグループになっていれば、お互いで自由に連携したり一緒に作業したりしながら、アイデアやコードを共有できる。

トライブにもスクワッドと同じ原則が当てはまる。つまり、他への依存は常に最小限に抑えたい。

スクワッドと同様に、トライブもその力を最大限に発揮できるのは、他のトライブに依存していない場合だ。他への依存がなければリリースを「準備ができ次第」にできる。他チームの仕事を待つことによる遅延も少なくなるし、引き継ぎも減らせる。だからトライブの編成にあたっては、他のトライブへの依存を最小限に抑えよう。

スクワッドもトライブも他への依存を最小限に抑えること

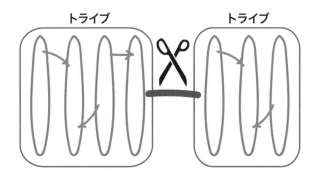

トライブは近しいスクワッド同士の相乗効果を生み出すのに重宝する仕組みではあるが、現場のマネジメントには依然として課題が残る。たとえば、エンジニアのレポートラインはスクワッドのマネージャーなのだろうか。それとも、トライブ内にエンジニアリングの専門性のためのグループを編成して、そこの誰かに報告したほうがよいのだろうか。この課題を解決するために、Spotifyではチャプターを用意している。

4.5　チャプター

　チャプターとは、同じ専門性を持つメンバーで構成される、トライブ内のグループだ。たとえば、トライブ内のテスター全員で品質保証チャプターを形成したり、Webエンジニア全員でまた別のチャプターを形成したり、といった具合だ。

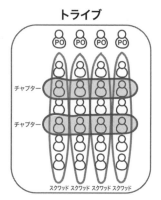

チャプター
トライブ内の同じ専門性を
持つメンバーのグループ

　メンバーをこのように編成することで、業務と専門性の「いいとこ取り」ができる。トライブのメンバーにとっては、信頼のおける協調的なチームの一員として日々の業務に取り組めると同時に、その現場には自分たちの仕事の本質を理解している専門性の高いマネージャーもいる、という状況になるわけだ。

　トライブ内の同じ専門性を持つメンバーのマネージャーが「チャプターリード」だ。チャプターリードの仕事には、現場を支援することに加えて、採用、給与、キャリア開発など、一般的なマネージャー業務のすべてが含まれる。

　チャプターリードと従来型大企業のラインマネージャーとの間で大きく異なるのは、チャプターリードには手を動かす仕事の機会があることだ。「手を動かす」といっても、必ずしも現場の通常業務（ユーザーストーリーを開発するなど）に限らないが、あくまでも現場に近いところから必要に応じた指導や助言をおこなう。チャプターリードの仕事には依然として技術的な要素がある。

　チャプターの利点はさまざまだが、チャプターが組織にもたらす一番の利点はコミュニティだ。特定の専門性のグループがあることで、コミュニティの状況やニュースを共有する場を持てるし、定期的に顔を合わせて新しい技術やすぐれたプラクティスについて話し合うこともできる。

　このように、トライブやチャプターは物事をうまく局所化しておくのに効果を発揮するが、Spotifyではそのうえで、組織構造を横断して適切にコミュニケーションしたり、自己組織化したりすることも必要だと考えた。そのために用意しているのが、ギルドだ。

4.6　ギルド

　ギルドは、同じ専門分野に興味のあるメンバーからなるグループで、組織を横断して形成される。

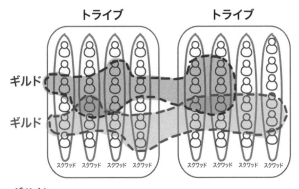

ギルド
組織を横断して形成される、専門分野についての
グループ

　チャプターとは異なり、ギルドは正式な組織ではない。そのため、直接的な

マネジメントやサポートは何も提供しない[†3]。その代わり、ギルドは気軽な組織構造なので、誰でも自発的に作ってかまわないし、誰でも参加できる。

　たとえば、「iOSギルド」は定期的にミーティングを開いて、iPhone開発のニュースや状況の進展を話し合う。Androidの開発者も、Androidについて同じことをする、といった具合だ。

　ギルドとチャプターの決定的な違いは、ギルドには誰が参加してもかまわないところだ。iOSギルドのミーティングに参加できるのはiOS開発者に限定されない。むしろ、誰が参加しても歓迎される。

　ギルドは有志の活動でもあるので、ギルドのミーティングに毎回参加する義務はない。とはいえ、ギルドはいつでもあなたが顔を見せてくれることを心待ちにしている。

　ギルドでは独自に「アンカンファレンス」が開催される。アンカンファレンスとは、形式ばらない集会のことだ。参加者間でギルドに関連する話題を話し合ったり、ベストプラクティスの確立に向けて協力したりする。ギルドはこうした集まりを広く全社に向けて開催することで、専門分野にまつわる社内コミュニティを形成する。

　ギルドの役割としてさらに重要な点は、ギルドがメンバーに学習と成長への道のりを与えていることだ。ユーザーエクスペリエンスの専門家、ウェブ開発者、テスターがそれぞれ一堂に会することで、自分たちの技術的な課題を話し合ったり、腕の立つ人たちと交流することで自分をレベルアップさせたりできる。ギルドには上達の機会がある。

　このことを過小評価してはいけない。学ぶことの持つ力、すなわち、自分自身が成長していると感じ続けられることは、勤勉でスマートな、知性豊かな人たちにとってはこの上ない魅力だ。これこそ、最も優秀で素晴らしいメンバーを惹きつけ続けるための秘訣だ。ギルドのようなフォーラムは、メンバーにレ

---

†3　訳注：数は限られているが、予算などの組織の支援が得られている "Sponsored Guild" もあるようだ。https://cacm.acm.org/magazines/2020/3/243029-spotify-guilds/fulltext

ベルアップや新たな成長の機会を提供する。学習と成長の機会があるということ自体が、多くの人にとって、毎日出社して全力を尽くす理由になるんだ。

　テック企業の組織運営には他にも興味深いところがある。それは、組織のなかでメンバーが士気を保ち、満足して働き続けてもらうためにどこまで突き進むのか、というものだ。

4.7　どこで働きたい？

　どの企業でも定期的に組織改編はおこなわれるが、テック企業は規模が大きくなったとしても、一般的な企業よりも頻繁に組織を改編する。

　Spotifyの組織改編がいつもこうだったというわけではないが、ある大規模なトライブの組織再編にあたり、アジャイルコーチをファシリテーターとしたワークショップを開催したことがあった。そのワークショップではリーダー陣が一堂に会して、共同で新しいトライブの編成を考えた。といっても、その時点では新しいトライブに具体的なメンバーをアサインしなかった。Spotifyはメンバーに自分で自分の所属をサインアップさせることにした。

トライブXの再編成

どこで働きたいかをメンバーに選ばせたらどうなるか？

　社内の広いホールの一角を1週間近く占拠して、アジャイルコーチが何枚もホワイトボードを並べた。ボードには新しいトライブで必要なスクワッドやポジ

ションがリストアップされている。その週のあいだ、マネージャーは直属の部下と 1on1 をおこない、「新世界」での新たなポジションやスクワッドに関する疑問に答えた。

　その後の流れが興味深かった。今までと同じスクワッドで同じ仕事を続けることにした人たちもいれば、新しいスクワッドを友人たちと結成して、新たな仕事を求めにいった人たちもいた。現状からいくらかの変化を求める人たちもいれば、まったく新しい仕事に挑戦したいと考える人たちもいた。

　いきなりすべてのスクワッドの募集枠が埋まったわけではないし、誰もが第一志望のスクワッドに所属できたわけでもなかった（仕事をやり遂げるのに必要なメンバーできちんと構成されるように、根回し的な交渉はおこなわれた）。

　しかし、一日が終わる頃には、ほとんどのメンバーはそれなりに気に入った所属先に収まっていた。新しく編成されたスクワッドには、（友人らと一緒に仕事を続けられるのであればと）さほど魅力的ではない仕事を引き受けたスクワッドもあれば、求めに応じて柔軟にどこへでも行くというスクワッドもあった。

　この一連の流れが特筆に値すると思ったのは、テック企業の本気を目のあたりにしたからだ。テック企業は意思決定を現場に任せて、メンバーの自己組織化を促すためなら、どこまでも突き進む。従業員に所属するチームを選ばせて、仕事を引き受けさせている従来型企業の事例を、私は寡聞にして知らない。

 **意志決定をできるだけ現場に任せることが
自己組織化につながる**

　Spotify に限らず、テック企業の組織構造は流動性がとても高い。こうした組織の再編成は頻繁におこなわれている。Spotify や他のテック企業が発見したのは、メンバーが転職せずにすぐれた仕事を続けてくれる可能性が高くなるのは、内容をよく理解した仕事を自分で選び、気に入った人たちと一緒に働いている場合だということだ。

Facebookに入社してもチームには所属しない

Facebookに入社すると、すぐにはチームに所属しない。最初の2ヶ月間は、複数のチームを渡り歩いて仕事をすることになる。これは意図的なものだ。Facebookはあなたに、気に入らないチームには所属してほしくないと考えている。

これは新規採用の場合に限らない。既に雇われているフルタイムのエンジニアでも同じだ。フルタイムのエンジニアも毎年1ヶ月間はチームを渡り歩くことになっている。社内の別の面を探索したり、他分野で仕事をするために別チームへ移籍する可能性を検討したりする。

なぜFacebookは自社のエンジニアにそんな自由を与えて、動きまわらせたり、別のことを試させたりするんだろうか？　それは、人は自分の好きなことに取り組んでいるときにこそ最高の仕事をする、というのをFacebookは心得ているからだ。社員が毎日楽しく心踊らせて出社できる可能性を最大限に高めるための選択肢を、彼ら自身に与えているのだ。

テック企業ではチームがすべてだということを忘れてはいけない。配属予定のチームがあなたに合わなさそうなら、会社としてはそこに所属させたくない。チームとの相性が決して良いとはいえないことが事前にわかるなら、そんな人事は避けるに限るというわけだ。

4.8　Q&A

ちょい待ち。
これってただのマトリクス組織では?

そうだともいえるし、そうじゃないともいえる。

マトリクス組織では、類似した人的資源がグループ化された「人材プール」としてまとめられる（テスターであれば、そのレポートラインは必ずテストマネージャーになる）。たとえばあるプロジェクトでテスターが必要になれば、人材プールからメンバーが「貸し出し」される。Spotifyの組織構造が実質的にはマトリクス組織のように見えたとしても、そんなやり方にはなっていない。Spotifyではもっとデリバリーを重視している。

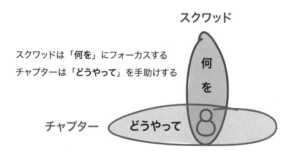

スクワッドは「何を」にフォーカスする
チャプターは「どうやって」を手助けする

スクワッド

何を

チャプター　どうやって

メンバーは同じ拠点の安定したスクワッドに所属する。スクワッドでは異なるスキルセットのメンバー同士が協調し、自己組織化することでプロダクトをデリバリーする。これはマトリクス組織の垂直方向であり、Spotifyが第一にフォーカスする方向だ。Spotifyではどこで働くかによってメンバーの所属先が決まるのもこれが理由だ。

マトリクス組織の水平方向は「どうやって」を担う。これは知識の共有やツー

ル、コーディングのプラクティスの領分だ。Spotifyではチャプターリードがこの仕事を担当する。チャプターリードはチャプターのコミュニティを築き、専門性を育てることを支援する。

マトリクス組織の考え方では、「何を」を垂直方向が担い、「どうやって」を水平方向が担う。Spotifyではこれを、メンバーそれぞれがスクワッドの一員として「何を」開発すべきかを把握できるようにするとともに、「どうやって」開発するかについてはチャプターから適切なサポートを受けられるようにすることで実現させているんだ。

 FOOD FOR THOUGHT

本来は、あなたのチームが定期的にやりとりすべきなのに、
いま現在そうしていないグループは?

_____

社内の人たちはどうやってレベルアップしたり、
スキルを向上させたりしていますか?

_____

_____

もし魔法の杖があって、いますぐ社内の部署もチームも丸ごと
再編成できるとしたら、どんな組織構成にしますか?

_____

_____

4.9　スケールは大きく、チームは小さく

スケーリングは手ごわい。手ごわいからこそ、多くのスタートアップやテック企業が規模の拡大に苦心している。しかしSpotifyがそうであるように、権限の

与えられた小さなチームのスピードと自律性を保ったまま、大きな存在へと成長することにも成功できている企業は実在する。その姿はこんな風になっている。

- トライブが関連するミッションを持ったスクワッドをまとめる
- チャプターが現場の最前線で専門的なサポートを提供する
- ギルドが全社を横断したコラボレーションを可能にする

　次の章では、ベットを紹介する。テック企業は大きな「賭け」に向かってスクワッドの方向を揃えることと、各スクワッドがそれぞれのミッションを遂行することとを同時並行で進めていく。ページをめくって、ベットで方向を揃える方法を学んでいこう。

5章
ベットで方向を揃える

ミッション駆動の自律した小さなチームは素晴らしい。だが、大きな物事を成し遂げねばならない場合はどうだろうか。複数チームが一丸となって、全社横断での取り組みが必要になるような場合だ。この章では、テック企業が**カンパニーベット（Company Bet）**を活用して、全社を横断するコラボレーションを可能にしている様子を見ていく。本当に必要な仕事から着実に完成させていきながらも、日々の業務でチームに与えられている裁量や自律性はそこなわれない。

この章を最後まで読めば、カンパニーベットが何であり、どんな仕組みになっていて、なぜチーム同士の連携に目覚ましい効果をもたらすのかを理解できるはずだ。

5.1　しおれた百の花

2014年、当時のSpotifyは問題を抱えていた。組織の規模が大きくなるにつれて、たくさんのメンバーで数多くの物事に取り組んでいるにもかかわらず、実際には重要な仕事がほとんど進んでいなかったのだ。SpotifyのCEOである

Daniel Ekは、何か良い成果が有機的に生まれてくることを願って、「百花繚乱」作戦を試すことに決めた。その結果、いくつか小さな成果は得られたのだが、大きな成果、すなわち成し遂げられなければならない本当に重要なことを達成するには、まだまだ時間がかかりそうだった。Spotifyの動くスピードは十分ではなかった。

　フォーカスを絞ることがSpotifyに必要なのは明らかだった。でも、どうやって？　Spotifyは、芽が出たらうまくいきそうな進行中の取り組みまで丸ごと潰すような真似はしたくなかった。スクワッドの自律性も奪いたくはなかった。とはいえ、仕事を調整する方法が必要だった。膨れあがった大量の仕事を、複数チームの連携が必要となる仕事を、有意義に、フォーカスを絞って進められる方法が。

　ここでSpotifyが考案した枠組みは、全社レベルでフォーカスを絞るために、一度に取り組むことを少なくするというものだった。社内ではこれを「カンパニーベット」と呼んだ。

5.2　カンパニーベットとは

　カンパニーベットは、会社が取り組みたい重要事項を、終わらせたい順に並べたリストのことだ。

北極星

全社員で取り組むべき重要事項に優先順位をつけたリスト

✓ フォーカスを強制する

✓ まず終わらせるべき最重要事項を明確にする

✓ 全社横断のコラボレーションを可能にする

✓ 向かう方向を揃え、優先順位をつけるためのツール

　会社の「北極星」(会社の存在目的そのもの)に向かうように、経営リーダーはカンパニーベットを使って、全社レベルでフォーカスすべきことと、その優先順位を伝える。ベットをまず終わらせるべき最重要事項と位置づけて、その他はすべて後回しにするのだ。

　通常、小さい目標はカンパニーベットにならない。ベットは「大きな岩」だ。取り組むには複数のチームが必要になるし、相対的に短期間でビジネスに大きなインパクトを与えることが期待される。だからこそ、多くの経営資源と注目を集める。全社リソースの30%は常にカンパニーベットに取り組んでいる状態にしておく。また、カンパニーベットはチームが次に取り組むべきものを示す指針にもなる。

5.3　カンパニーベットの仕組み

TOP BETS　　みんなで最優先にやるやつ ↙

1ST　SONY PLAYSTATION　もし、これを手伝えないなら…

2ND　GOOGLE CHROMECAST

3RD　にっぽん じょうりく　↙

4TH　GDPR　　…代わりにここらを手伝う

5TH　じょうじょう じゅんび　↙

　四半期ごとに戦略チームが集まって、全社で次に取り組むべき「巨大で大胆かつ困難」な目標について議論する。こうした戦略検討の成果として、優先順位づけされたリスト、つまりカンパニーベットが出てくる。

戦略チームはベットを四半期ごとに優先順位づけする

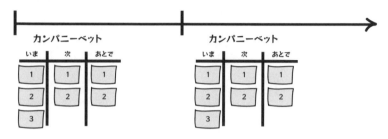

　ベットにはそれぞれ2ページ程度の概要が記述される。そこには、このベットが何なのか、なぜ重要なのか、どのように今後の会社の発展に資するのかが簡潔に書かれている。

ベットにはそれぞれ2ページの概要がある

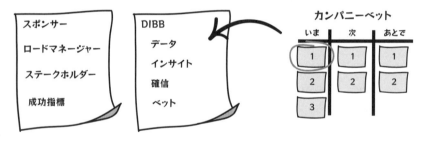

　概要の2ページのうち、1ページは「DIBB」で説明される。ここには、戦略チームがこのベットを作るきっかけになったデータやインサイトが記される。

　DIBBとは、データ（Data）、インサイト（Insight）、確信（Belief）、ベット（Bet）それぞれの頭文字だ。SpotifyではDIBBを活用して、音楽業界での成功に向けてどのように投資すべきかを議論し、意思決定していた。DIBBの本質は意思決定フレームワークだ。DIBBを使うことで、なぜそのベットが必要なのかを系統立てて説明したり、議論できるようになる。

DIBBは意思決定や議論に使われる

DIBBはやるべきだと考えていることを系統立てて検証するための
意思決定フレームワークである

**データ
(Data)**　イテレーションの対象となるプロダクトやコンテンツ、ビジネスモデル、
あるいは世の中の状況等と自分たちとの関連を示す具体的なデータ(群)

**インサイト
(Insight)**　現実のデータから導き出された見解や結論、または学んだこと

**確信
(Belief)**　チームに対して向かうべき方向を示す、単独または複数のインサイトに
もとづく仮説

**ベット
(Bet)**　実際にテストすることに決めた確信(単独または関連する一連のもの)。
具体的に目標を定めてリソースを投入することでその実現を目指す

　初期のSpotifyでの例を紹介しよう。当時、デスクトップで音楽を聴く人が減
少傾向にある一方で、スマートフォンでの音楽消費が活発になり始めているこ
とが明らかになっていた。これはビジネスにものすごいインパクトを与えること
になるはずだが、Spotifyにはまだその準備が整っていなかった。

　この「デスクトップからモバイルへの転換」をDIBBの形式で整理することで、
物事はとても明快になった。

例 DIBB - モバイルの台頭

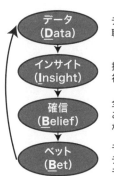

**データ
(Data)**　デスクトップよりもスマートフォンで音楽を
聴く人が増えている。

**インサイト
(Insight)**　携帯端末がデスクトップを追い越しつつある。
社内にはモバイル開発者がほとんどいない。

**確信
(Belief)**　全社的に「来たるべき状況」への最適化ができていない。
この先、生き残れるかは「モバイルファースト企業」に
なれるかにかかっている。

**ベット
(Bet)**　モバイル開発者の採用を強化する。
デスクトップ開発者向けにモバイル開発のトレーニングを始める。
モバイルアプリの開発インフラへの投資を始める。

　これで何をすべきなのかは一目瞭然になったので、このDIBBはベットになった。ここでモバイルに向けて舵を切ることができたおかげでSpotifyは救われた。あとは歴史が示す通りだ。

5.4　この働き方の見事なところ

　数を絞った大きなベットに向けて会社がまとまることで、さまざまな利点が得られる。

重要なことから終わらせていく

　他の健全な企業がそうであるように、テック企業もやるべきことのあまりの多さにすぐ圧倒されてしまう。そんな時にはベットがとても役に立つ。最も重要なことをまず終わらせるようにして、残りは後回しにできる。

なにもかも一度にやろうとするのを防ぐ

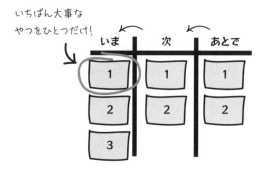

社内メンバーの流動性を高める

　ベットを活用することで、ユニコーン企業は経営資源の調整がしやすくなる。従来型企業だとこれは比較的難しい。従来型企業の場合、相反する優先順位や

方向のずれている短期目標と折り合いをつけるのに時間が浪費されてしまって、まったく協調した取り組みにならずに終わりがちだ。

　ベットはそれを防げるようなフレームワークになっている。チームが自分たちの短期目標と全社レベルの長期目標との間でバランスを取れるようになっている。

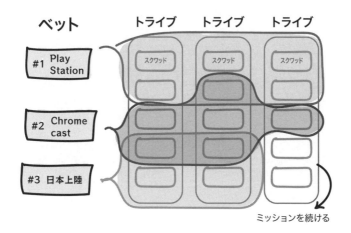

　チームは自分たちの仕事を一時的に保留して、カンパニーベットを支援できる。各チームは、自分たちが適切だと思えるかたちで、自分たちのミッションと会社のベットとの間を自在に行き来できる。チームの自律性は保たれたままなので、自分たちの時間をどう使うのが最適なのかはチームが自分たちで決められる。

フォーカスを強制する

　カンパニーベットのリストを優先順位づけできれば、文字通りこう言えるようになる。「これらが、今年我々が成し遂げるべき最重要事項だ。もし達成できれば、今年はすごく良い年になるはずだ」

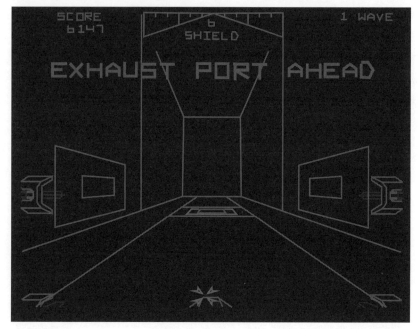

「前方に排熱孔！」　初代デス・スター破壊作戦でルークはフォースの力で一番大事な一点に
フォーカスする[†1]

　優先順位があるので、経営リーダーはフォーカスすることを強制される。す
べてを手に入れることはできない。Spotify も最初からベットの数を絞れていた
わけではなかった。初期バージョンのベットには 65 もの取り組みが載っていた。
10 どころの話ではない。どの取り組みも欠かせないものだと考えていたのだ。
そこから多くの物事に「ノー」と言い、少しずつ削って実際にやれるだけの数に
絞り込んだ。これは経営リーダーの功績だ。簡単な仕事ではないが、だからこ
そリーダーのやるべき仕事だといえる。

[†1]　訳注：画面キャプチャはアーケードゲーム版の『STAR WARS』（ATARI）

全社横断の連携を可能にする

カンパニーベットが本当に見事だと思うのは、全社レベルで向かう方向を揃えられるところだ。私は幸運にもSpotify在籍時に、最重要カンパニーベットを2つも担当できた(Sony PlayStationとGoogle Chromecastへの対応)。非常に厳しい締め切りが迫るなか、全社がこれらの取り組みに向かって団結している姿は実に驚くべきものだった。

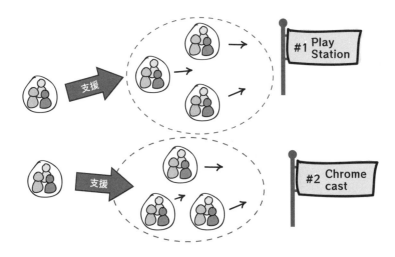

これほど効果的に経営資源の配置と展開をこなしている企業を私は他に見たことがない。他の企業であれば失敗しかねないような極めて大規模な取り組みであっても、ユニコーン企業は迅速に実現させている。大きく成功するために必要であれば何でもやって全社を一致団結させる。これがユニコーン企業のやり方だ。カンパニーベットは向かう方向を揃え、優先順位をつけるための素晴らしいツールだ。

5.5　やり抜くためのコツ

カンパニーベットのことを簡単そうに思えたなら、それは私の本意ではない。単に優先順位づけされたリストを作って社内に共有しただけで、たちまち全員の向く方向が揃うわけがない。うまくやっていくにはやはり時間も労力も必要だ。カンパニーベットについてのメッセージはまず経営トップを起点に発せられる。それが現場に到達するまでの間には、社内にさまざまな段階があるだろう。そのすべての段階で、明快なコミュニケーションを取りながらメッセージを強めていく必要がある。

とはいえ、カンパニーベットをしばらく運用した経験から、Spotifyはやり抜くためのコツを学んだ。そのいくつかを紹介しておこう。

専任のロードマネージャーをアサインする

カンパニーベットは勝手に進んでいくようなものではない。動かしていくには手間暇がかかる。そのためのスキルも必要だ。カンパニーベットの担当者は「ロードマネージャー（Road Manager）」と呼ばれ、ベットをやり遂げることに責任を持つ。ロードマネージャーがベットを動かす。

ロードマネージャーは専任の重要な役割であり、さまざまな経験が求められる。チームのリード、コミュニケーション、チーム間の調整。調整相手は複数の部署をまたぐこともある。GoogleやFacebookではこのような人材をプロダクトマネージャーと呼んでいる。ロードマネージャーがベットのデリバリーを左右する。この役割をアサインするにあたっては、誰に任せるべきかをよくよく考えてから決めよう。

自分の部署よりも広い視野で考える

ロードマネージャーが自身の仕事を通じて発見したのは、自分の担当する

ベットが部署にとって今期ナンバーワンだからといって、それが必ずしも他の部署でも最優先になるとは限らないということだ。ベットの遂行にあたっては、たとえば人事部や法務部といった部署との連携も必要になるが、テックプロダクトとデザインを担当する部署(Tech Product and Design。私たちはTPDと呼んでいた)とは組織図上は別組織だった。普段からやりとりしているわけではない部署の力を借りるには、先方との間で優先順位を共有して仕事を調整する仕組みが必要になる。Spotifyでは、カンパニーベットが自分たちの取り組みの優先順位を伝えるツールになっていた。

コミュニケーションプランを考える

　拠点の異なる複数チームが協働する場合、組織全体をつなぐ、明快でオープンなコミュニケーションチャネルが必要になる。仕事の中心となる拠点に着任していない人たちは、どうしても自分たちは排除されているとか、「二級市民」扱いされていると感じてしまいがちだ。この問題に対処するために、私たちはきちんと構造化された、能動的で頻繁なコミュニケーション計画を立てた。週次でデモを実施したり、チームの作業場所を明示したり、ミーティング周期をわかりやすくしたり、といった取り組みを実践した。また、これと合わせてコミュニケーションガイドラインも用意した。ガイドラインでは、状況の共有をそれぞれのタイミングで定期的におこなうことや、連絡先のメールグループ、アナウンス用メーリングリストなどを文書にまとめた。

　全員が「確かに自分も参加している」と感じられるようにすることがとても重要だ。

早いうちから統合する

　複数の協業先や外部システムと連携するような仕事に取り組んでいるのであれば、早めに、こまめに統合しよう。初回の接続では特に何かが機能するわけ

でもないかもしれないが、異なる複数のシステムを内部で統合して動かすことの大変さはわかるはずだ（自分たちでコントロールできない外部の協業先が相手ならなおさらだ）。だから、システム連携が絡むところはできるだけ早い段階から連携先と実際に接続して、問題が発生したら順次解決していこう。

大がかりな取り組みは時期をずらす

　Spotifyが苦労の末に学んだのは「大きなベットを2つ同時進行させると高くつく」ということだ。社内で使えるリソースが限界に達してしまうと、みんなに余裕がなくなる。残業も増える。しかも、2つあるベットの一方の優先順位が上だからといって、もう片方が重要ではないというわけでもない。選択を迫られる局面になれば、どちらかを選ぶのも非常に悩ましい。

　この教訓は、取り組みの種類によっては時期をずらす必要があるということだ。組織全体に対して一気に強い負荷をかけすぎると滅茶苦茶になってしまう。これでは誰も幸せにならない。

反直感的ベット

　従来型企業でだったら話題にも上らないようなベットの種類に、**反直感的ベット**（**Counter-Intuitive Bet**）と呼ばれるようなものがある。会社が設立されたり、新しい産業が生み出されたりするような類いのベットがこれにあたる。

　反直感的ベットとは、当初は誰も信じてくれないのだが、後から考えると実に見事で明白に思えるようなベットのことだ。コーヒー1杯で7ドルも取ろうなんて正気か？　誰がお金を払って私のソファで寝たいと思うわけ？

企業	反直感的ベット
Netflix	郵送DVDレンタル、ストリーミング
Airbnb	他人に自宅のソファを貸し出す
Twitter	140文字だけ書ける
Starbucks	コーヒー1杯で7ドル
Spotify	違法コピーよりも便利に

　2006年当時には、インターネットで世界中の音楽へアクセスするのに、無料で違法ダウンロードするよりも月額料金を払いたいと思う人がいるなんて誰も信じていなかった。Spotifyは「違法コピーよりも便利に」という反直感的ベットにもとづいて設立された。結果としてこのベットはSpotifyと音楽業界に確かな実りをもたらした。

　ユニコーン企業はこの手のベットが大好きだ。こうした大胆なアイデアこそが、競合他社に先んじて自社を成功させたり、他社を破滅させたりするからだ。そうやってユニコーン企業は、世間がそのベットの輝きに気づくまでの間に革新を生み、一歩先を走り続ける。

Q&A

> **スクワッドは自分たちのミッションと
> ベットとのトレードオフはどうしてるの?**

　次の四半期に向けた仕事を生み出すときに、スクワッドはまず、自分たちのミッションを次の四半期のベットに沿うように調整できるかを考える。できそう

なら、そうする。理由は何であれ、自分たちのミッションに合いそうなベットがないという判断に至れば、ベットにはとらわれずに自分たちのミッションを続行する。

　SpotifyやAmazonのような企業は、そうやって2つのレベルで戦略とプランニングを同時に進めている。

**2つのレベルの
戦略とプランニング**

スクワッドのミッション

　スクワッドのレベルにはスクワッドのミッションがあり、ミッションはスクワッドが所有する。全社のレベルにはもっと抽象度の高い戦略やイニシアチブがある。このレベルの戦略は規模が大きく、必要な提携先や資金、プランニングも多くなる。全社レベルの戦略は会社にとってレーザービームのようなもので、焦点を絞る効果がある。同時にいくつも数はこなせない。

　念を押しておくが、自分たちの時間を何に費やすべきかの最終的な決定権はあくまでスクワッドにある。スクワッドの自律性は揺らがない。スクワッドはベットやDIBBを参照することで、自分たちが会社全体の役に立っていることと、利己的な部分最適に陥っていないことを自分たちで点検する。ベットもDIBBもスクワッドの判断を支援することに存在意義があるのだ。

　とはいえやはり、カンパニーベットの核心はコミュニケーションとコラボレーションのためのツールであるということにある。大きなチャンスに狙いを絞ったベットに向けて「部隊」を集結させ、総力をあげてこれに取り組む。やり遂げたら、次の大がかりなベットが始まるまでの間、各自はそれぞれ普段の業務に戻

る。Spotifyのようなテック企業はそうやって物事を進めている。

 FOOD FOR THOUGHT

あなたの会社ではどうやって優先事項を決めていますか？

_____

_____

_____

何を優先すべきなのかを会社のみんなは
把握していますか？

はい　　いいえ
☐　　　☐

あなたの会社での次四半期の優先事項トップ3は？

#1 _____
#2 _____
#3 _____

優先事項はメンバーにどうやって伝わりますか？

_____

_____

_____

あなたのチームが一丸となって協力することを阻んでいるものは？

_____

_____

_____

5.6　ベットに賭けろ

　ユニコーン企業は反直感的ベットに大きく賭けることでディスラプトを成し遂げる。この章では、カンパニーベットが仕事を全社レベルの規模にスケールさせるための強力なツールであることを学んだ。

　カンパニーベットを使いこなすには、ロードマネージャーの推進力と力強いコミュニケーション計画が欠かせない。全員が足並みを揃え続ける必要があるからだ。大きな問題に総がかりで取り組むためにテック企業の見いだしたやり方がカンパニーベットだ。最も重要なものから完成させていくが、だからといってスクワッドに与えられている裁量と権限をそこなうことがない。

　次の章では、こうしたテック企業で働くというのが実際にはどんな感じなのか、どうして日々の仕事に持つ印象が全然違っているのかを見ていこう。

6章
テック企業で働くということ

　テック企業で働くと、なんだかこれまでとは違った感じがする。それはテック企業の「人の動かし方」の違いによるところが少なくない。この章と次の章では、ビーズクッションや無料のラテ、卓球台といった福利厚生の話ではなく、実際にテック企業で働くと見えてくるものや感じられるものを、働いている人の視点から探っていきたい。

　まずこの章では、テック企業での人の動かし方と、エンタープライズ企業ではあまり見られないマネジメント手法を扱う。次の**7章**では、テック企業がもっと速く仕事を進めていくためにどんな投資をしているのかを具体的に見ていく。

　本章と次章は「気づき」を与えることを狙いにしている。テック企業で働くというのはどんな感じなのか、その感覚をつかんでほしい。何も考えずにそのままコピーすることのないように、ひと口に「人を動かす」といってもテック企業は具体的にどうやっているのか、そのためにどんな文化を生み出そうとしているのか、なぜテック企業の従業員は仕事を楽しめているのかが伝わるようにするつもりだ。

6.1　フラット化する世界

　1957年6月、サンフランシスコのClift Hotelに集まったRobert Noyceと7名のアメリカ国内で最も優秀な科学者とエンジニアたちは我慢の限界に達していた。会社の創業者であるWilliam Shockleyとはもうこれ以上、一緒に仕事をすることが耐えられなくなっていたのだ。トランジスタの発明でノーベル物理学賞を受賞して以来、Shockleyのエゴの肥大化とマネジメントスタイルは、彼の類いまれな能力の輝きを失わせてしまっていた。

　Shockleyは硬直的な権威主義者になってしまった。彼を喜ばせることはできない。自分自身で下したまずい決断を他人のせいにするようになった一方で、他人の手柄を自分のものにするようになってしまった。自分自身以外によるアイデアや視点を受け付けなくなった。基本給を超える利益を従業員に還元する方法を何も提供しなかった。Shockleyのひどいマネジメントスタイルは、社内にいたスマートで進取の気性のある科学者やエンジニア全員を遠ざけることになってしまっていた。

　この運命の朝、後に「8人の反逆者」として知られるようになったはみ出し者のグループはShockley Semiconductorを去り、自分たちで会社を立ち上げた。これがシリコンバレー初のスタートアップの誕生だった。

　設立されたFairchild Semiconductorは、程なくして新しい働き方の手本となった。その働き方はこれまでとはまったく異なる原則に基づいており、数多くのテック企業、とりわけ今日のシリコンバレーのテック企業での働き方に反映されている。

　フラットな組織階層。カジュアルで能力主義の職場。肩書きや役職よりも「何をしたか」が重視される。新しいアイデアは共有することが奨励される。CEOに向かって反対意見を表明しても何の問題もない。

　Spotifyにもこうしたカジュアルな雰囲気があった。一日の遅い時間になってから仕事を始める従業員がたくさんいる一方で、私のように、早い時間帯

に出社するのが好みの従業員もいた。出勤時刻はまったく問題ではなかった。Spotifyでは仕事を終わらせさえすれば、何時に出社しようがかまわなかった。

　これが最初の違いだ。より自律的であり、より自由がある。だが、責任も重い。テック企業に入社してすぐに不思議な感覚をおぼえる理由がここにある。誰もあなたのことを見張っていないし、やるべきことを直接指示したりもしない。こんなことは職業人生で初めてのことではないだろうか。

世界初のスタートアップ

　Fairchild Semiconductorは、新しい働き方のお手本になった企業だ。たとえばFairchildはオプションや株式といった形で、従業員に直接的な企業の所有権を渡すことを始めた企業の１つだ。８人の創業者のうちのひとりであるRobert Noyceは、立派なコーナーオフィス[†1]は使わずに、他の社員と同じように普通のキュービクル[†2]で働いていたことでも知られている。

　従来型企業の多くはそうではない。経営幹部専用の駐車スペースがあるとか、オフサイトミーティングに出席するのは事業部長級だけとか、本音をCEOに伝えることなんてできるわけがないとか、そんな感じだ。スタートアップやテック企業で働くと、こういうのとは違った感覚を抱く。すごくフラットで能力主義的。特権はなし。みんなで一緒に頑張っている感じがする。

　カリフォルニア州の中心部でたった１社から始まったシリコンバレーの産業は、今や１兆ドル規模に成長した。今日に至ってもFairchildの影響はその「子孫」を通じておよんでいる。そうした企業は「フェアチルドレン（Fairchildren）」と呼ばれたりしている。主なフェアチルドレンには

---

†1　訳注：角部屋の個室オフィス。二面採光だったりする。上級管理職に割り当てられることが多く、北米では企業での地位の象徴ともいえる

†2　訳注：執務スペースをパーティション等で間仕切りした半個室

以下のような企業がある。

Signetics	Ameico	Applied Materials
AMD	Intel	Apple
VLSI	Oracle	Sun
SanDisk	Nvidia	Ebay
Google	Yahoo	Facebook
Tesla	LinkedIn	Cadence
WhatsApp	Linear	Maxim
Instagram	Pinterest	Snapchat

https://computerhistory.org/blog/fairchild-and-the-fairchildren/

6.2　「何をすべきかを指示するつもりはないよ」

多くのテック企業でマネジメントスタイルの転換が起きているが、なかでも最も重要なのは、「具体的に何をすべきかが指示されない」ことだ。過去の勤務先とは違って、テック企業ではやるべきことを自分で考えて、見つけ出すことが奨励される。

私の目撃談を話そう。2つのスクワッドのリーダー達が、私の上司のところへ相談にやって来たことがあった。誰にも面倒を見られなくなったプロダクトを、どちらのスクワッドが引き取るべきかで意見がまとまらなかったのだ。

トライブは一定期間ごとに再編成される。その際に、既存のスクワッドが解散して新しいスクワッドが結成されることがある。このタイミングでは時々、どこがどれの面倒を見るのかに混乱をきたすことがある。

今回のケースでは、既存のプロダクトの所有者がいない状態になっていた。

元々の所有者だったスクワッドはもう解散していた。新しい2つのスクワッド
は、どちらが既存のプロダクトを引き継ぐのかを合意できなかった。そこで彼
らは、トライブリードである私の上司に決めてもらおうとやって来たというわけ
だ。ところが上司はそれを拒否した。

　彼は双方の意見を聞いた後にこう答えた。「それは実に興味深い問題だね。決
着したら私に知らせてほしい」

　テック企業、少なくともSpotifyは従業員が自分で決めることを好む。従業員
に何をすべきかを直接指示することは好まない。これは私のような北米大陸出
身の者、コマンド＆コントロール型の社会構造の影響下にある者からすると、
最初はすごく奇妙に思える。意思決定者はひとりにしたほうが話も単純だし速
くなる。みんなに何をすべきかをただ伝えればいい！

　しかし、それでは大事なことが抜け落ちてしまう。あなたが何をすべきかを
相手に伝えてしまうと、伝えた内容は相手のものにはならない。あなたのもの
のままだ。だから多くのテック企業では、マネージャーがオフィスを歩き回って
マイクロマネジメントすることもなければ、チームの代わりに決断を下すことも
しない。それよりも段取りをつけて原則を示すことをはるかに好む。そうやっ
てチームに自分たちで決めてもらうことで、物事をうまく進めてもらうわけだ。

　だから私の上司もチームの代わりに決定しようとはしなかった。「情報が足り
ないとか、文脈がわからないとか、全体像に疑問があるとか、そんなときは私
のところに来てほしい。だけど、これはあなた方が自力で解決すべき問題だ。
私は何をすべきかを指示するつもりはないよ」

6.3　お金の使い方が違う

　部外者からの視点では、テック企業のお金の使い方は飲んだくれの船乗りみ
たいだ。無料のランチ、無限のスナックにフルーツやコーヒー。社員総出のオ
フサイトミーティング。高性能のコンピューター。なんでもありだ。

　ところがもう少し深く奥まで覗いてみると、そのとっぴな行動にも理屈があ

ることに気づくだろう。従来型企業が使わないようなことにテック企業がお金を使うのは、そうしたほうが物事を速く進められるからだ。

　ここで思い出すのも、さっきも引き合いに出した上司のことだ。彼の向かいの席で仕事をしていたとき、ふと尋ねたことがあった。もし厳しい締め切りに間に合わせるためにチームが遅くまで残ることになったら、夕食は手配してかまわないのだろうか。その場合、誰の許可を求めるべきなのか。どんな内容で申請すればいいのか、などなど。

　「心配無用」上司は言った。「チームに夕食が必要なら手配すればいい。それで実際、チームが速く進むなら、お金を使うんだ！」

　私は不意を突かれた。これまでの職業人生で、スピードのためにお金を使えなんて言われたことは一度もなかった。考えてみれば、これはまさにテック企業がやっていることだ。

- 新しいマウスが必要？　注文しよう。
- 他チームとしっかり調整するのにヨーテボリ[†3]に行く必要がある？　なんでまだ行ってないの？　はやく！
- ソフトウェア開発の上達に役立ちそうな本があるって？　3冊買って、みんなで回し読みすればいい。

　プロダクトマーケットフィットを果たした、資金力のあるテック企業は競争に明け暮れている。だからもし「資金を投入すれば競争に勝てる」というのなら、喜んでそうする。細かいことにこだわっている場合じゃない。競争に勝ちたいテック企業は、自分たちのチームには出せる限りの速度で突き進んでもらいたい。だからもし「それなりに経費支出の裁量を与えれば速く進める」というのなら、喜んでそうする。ここで思い出してほしいのは、テック企業の性質だ。彼らは何よりもスピードと学習を重視している。テック企業が従業員を信頼するのも、この性質が大きく関係している。

---

†3　訳注：ヨーテボリ（Göteborg）はスウェーデンの港湾都市

6.4 「信頼してないの？」

信頼されている　　　　　　　　信頼されていない

　テック企業やスタートアップに入社してすぐに気づくのは、それまで働いていた従来型企業では「いかに信頼されていなかったのか」ということだ。

　たとえば、従来型の大企業ならこんな制約も珍しくない。

- 自分のマシンに管理者権限でアクセスできない
- 特定のウェブサイトの閲覧がブロックされている
- ソーシャルメディアへのアクセスが拒否される
- 自己裁量で使える経費がない
- 開発作業中にウィルススキャンが強制実行されて生産性が無になる
- 1日3回パスワードを変更させられる

　最後の1つは大げさだが、言いたいことはわかってもらえると思う。従来型企業は従業員を信頼していない。そのため、数え切れないほどの手段を用いて、あらゆる物事の進みをものすごく遅くさせている。

　これを大手テック企業と比較してみよう。

- 開発者は自分のマシンへのフルアクセス権限がある
- すべてのチームが本番環境にアクセスできる
- 閲覧するウェブサイトに制限はない
- 好きなソーシャルメディアを自由に使える

- 好きなソフトウェアを自由にインストールできる
- 出張の旅程は自分で予約することが推奨されている
- 必要なものは何でも自由に発注、購入してかまわない

これはつまり「我々はあなたを信頼していますよ」ということだ。我々はあなたが、無駄づかいしないと信頼している。この特権を濫用しないと信頼している。会社の財務情報をはじめとする機密情報を見せることでもっと良い仕事ができるというなら、我々はそうした情報も信頼して渡す構えだ。そのために、ユニコーン企業ではすべての情報は基本的にオープンにしている。

6.5　すべての情報は基本的にオープン

Spotifyに入社した最初の一週間は、いろいろな面で圧倒された。というのも、これほどまでに多くのデータに触れたのは初めてだったからだ。会社の財務情報、最新の購読者数、会社の主要なメトリクス、進行中のあらゆるプロジェクトのステータスレポート。こうした情報はどれもが魅力的だったが、あまりにも多すぎた。消防ホースから高級ワインを飲むみたいだった。

当時は気づかなかったのだが、これはテック企業の運営の核心をなす、もうひとつの信条だったのだ。Spotifyではすべての情報は基本的にオープンにされていた。こうすることで、多くのテック企業でも抱かれている、次のような「核となる信念」を実現させていたのだ。

 あらゆるデータにアクセスできるとき、
人はすぐれた意思決定を下せる

給与や報酬のようなものを除いて（これもオープンにするかどうかは議論された）、テック企業ではおおむねどんな情報でも基本的にはオープンになっている。つまり、意思決定に必要な情報があるなら、それを入手できるというわけだ。

情報を基本的にオープンにすることは、次の3つを可能にする。

1. すぐれた意思決定
2. 「信頼していますよ」というシグナルの発信
3. 物事を進めやすく、しかも速くする

情報が現場に向けて伝えられることで、チームは誤った推測をしなくなる。ユーザーはプロダクトをどう使っているのか？ イノベーションや改善の潜在的な機会はどこにあるのか？ 実際の情報にもとづいて、チームはプロダクトにまつわる意思決定を自分たちで下すことができる。

それに、機密性が高くなりがちな財務や業績の数字をテック企業が社内でオープンにすることは、従業員を信頼していることを示す強いシグナルになる。我々は、あなたがこのデータを悪用しないと信頼している。我々は、あなたが我々に害を及ぼすようなことはしないと信頼している。人は信頼されていると実感できれば、その信頼に応えようとするものだ。

加えて、何といっても従業員を信頼している企業は純粋に物事の進みが実際速い。「信頼していない人を雇うわけがないじゃない」という態度で仕事を進められるからだ。

Apple の秘密

「すべての情報は基本的にオープン」というテック企業の経験則の大きな例外は、Appleだ。Appleは長らく、世界でも指折りの秘密主義の企業と目されていた。それにはきちんとした理由がある。製品のコピーを防ぐためだ。Appleの製品発表は人々の耳目を集める。何が発表されるのかが事前にわかってしまったら、大衆を驚かせることもできない。語り草になったSteve Jobsの「ワン・モア・シング」のような瞬間は起こせない。

とはいえ、その状況も今は変わりつつある。Steveはもういないし、

Tim Cookが舵を取るようになった。少しずつではあるが、これまでとは違ってオープンになりつつある。

　Appleのエンジニアは、GoogleやFacebookのエンジニアのようには仕事についてのブログを書いたり、執筆したりすることはまだできない。しかしここ数年は、社外のカンファレンスに参加したり、論文を書いたりするAppleのエンジニアの姿を見かけることがある。オープンソースにだってコントリビュートする様子が見られるようになってきた。

　Netflix、Facebook、Google、Spotifyのエンジニアは皆、定期的にお互いを行き来して意見交換をしている。プロダクトの開発手法やテストの自動化の進め方など、すごいプロダクトを開発するには欠かせないのだが一筋縄ではいかない、厄介な課題について議論している。Appleはそうではない。

　とはいうものの、そんな状況も少しずつだが変わりつつある。従業員がそれを求めているということもあるし、Apple自身もある程度の情報は基本的にオープンにして、テックコミュニティと広く交流を持ったほうが得るものが多いことに気づいているからだ。

6.6　「手伝おうか？」

　テック企業とその社内のチームは、とてもよくお互いをサポートしあう。もしSpotify社内でスクワッドに助けを求めたとしたら、スクワッドは差し迫った重要な問題の解決に限らず、あなたが抱えているどんな問題であっても、じっくり向き合ってくれるはずだ。彼らは顧客を満足させるときと同じようにあなたに対しても最善を尽くしてくれることだろう。これは「みんな同じチームなんだ」という意識によるものだ。あなたの問題は私の問題でもある。だから私はあなたを手伝ったほうがいい。

　これは単純な話に聞こえるが、従来型のエンタープライズ企業のチームの働き方と比較してみるといい。プロジェクトや予算、短期的なインセンティブといった要素がいかに有害であるかがすぐにわかるだろう。

　たとえば従来型企業のチームの多くで、他チームに助けを求めた際に受ける質問の一つが「課金コード（Charge Code）は何番？」だ。

　ここで尋ねられているのは、あなたを助ける時間にかかったコストはどこの予算に付けるのかということだ。課金コードなくして手助けなし。

　大規模なエンタープライズ企業での「手助け」の姿はそんな感じだ。課金コードであれ作業依頼チケットであれ、本末転倒の短期的なインセンティブは、物事をやり遂げる正しい道から遠ざける。

　テック企業は力を合わせるとき、問題を取り囲むようにして協働する。なぜなら、みんなのインセンティブの方向が揃っているからだ。仕事のスタイルはプロジェクト形式ではなく、チームにはミッションが割り当てられており、ベットを通じて連携している。仕事のモデルがシンプルで流動性が高いので、誰のプロジェクトだとか、使った時間や費用はどこが負担するのだとかを気にする必要がない。問題を解決することにフォーカスして仕事を終わらせる。

6.7　テック企業流の人の動かし方

　短い章だったが、いわゆるテック企業での働き方と、そこでの少し変わった物事の進め方をいくらかでも理解してもらえたら何よりだ。簡単にまとめておこう。

- とても自律している
- とても自由度が高い
- 責任は重い
- 何をすべきかを直接指示する人はいない
- すべての情報は基本的にオープン

　テック企業での「動かし方」が変わっている点は他にもある。テック企業はあらゆるものに投資する。そのなかには、エンタープライズ企業でも投資したほうが良いとわかっているようなものも含まれる。エンタープライズ企業では全然そうしているように見えないのは、費用が高すぎるとか、そんな時間はないと判断されて見送られているからだ。

　次の章では「生産性」を扱う。テック企業が生産性向上のためにおこなっている投資や、従来型企業には難しいと言われているようなこと（新製品の開発やリリース）が、彼らにとっては日常茶飯事である理由を見ていこう。

7章
生産性向上に投資する

テック企業がとても得意なことの一つが「速く進めるようにすること」、つまり生産性向上への投資だ。エンタープライズ企業だったら馬鹿馬鹿しくなるほど苦労すること（生産性向上や開発基盤への投資）が、テック企業ではやすやすと実現されている。

この章では、テック企業では具体的にどんな投資がされているのか、なぜそんなにも速く動けるのかを見ていこう。

7.1 プロダクティビティスクワッドを 編成する

「プロダクティビティスクワッド」は、他のエンジニアリングチームを速く進めるようにすることをミッションとしたチームだ。

　ちょっと考えてみてほしい。あなたの会社に、プロダクトのリリースや開発を担当するメンバーの日々の仕事を楽にすることだけを目的としたチームはいるだろうか。テック企業にはそんなチームが何チームもいる。

　それがプロダクティビティスクワッドとか開発基盤スクワッドと呼ばれるチームの仕事だ。彼らは他のチームを支援する。たとえば、こんな風に。

- ビルドの自動化
- 継続的インテグレーションの基盤整備
- A/Bテスティングフレームワークの構築
- 本番環境へのデプロイメント/監視ツールの作成
- 自動テスティングフレームワークの構築
- 新機能を簡単に追加できる基盤の用意
- トレーニングセッションの開催
- データの変換や移行
- イテレーションと学習速度の向上

いま挙げたのは、エンタープライズ企業の開発チームでも「これがあれば10倍速く仕事が進むのに」と思えるものばかりだ。しかし、彼らにはそうする余地はまったく与えられてなさそうにみえる。テック企業は生産性向上に抜け目なく投資することで、新しいソフトウェアはやすやすとデプロイできるし、本番環境では何が起きているのかも一目瞭然になっている。その結果として、新規プロダクトや新機能を苦もなくどんどんリリースできるようになっている。

プロダクティビティスクワッドによる支援について特筆すべき点は、彼らは他のスクワッドが本番環境にデプロイするのを取り締まる「門番」ではない、ということだ。プロダクティビティスクワッドは「セルフサービスモデル」を作りあげて、各スクワッドが自分たち自身で支援を受けられるようにしている。

7.2　セルフサービスモデルを採用する

プロダクティビティスクワッドは本番環境とスクワッドとの間に立ちはだかる壁ではない。チームができることを増やして、チームが自分たちで支援を受けられる手段を提供する。

たとえば従来型企業でプロジェクト用に新規のデータベースインスタンスが必要になったとしよう。まず、申請フォームの入力項目を埋めて大量の質問に回答する。それから、許可を与えてくれる担当者を探し当てる。そしてしばらくの間待つ。申請内容が社内システムを通過して有効になるまで数週間はかかるかもしれない。

テック企業の考え方はそんなんじゃない。データベースでも継続的インテグレーションサーバーでも、クラウド上のインスタンスが必要になれば、Wikiページにアクセスして、そこに書かれている手順に従って自分で設定するだけだ。やったね！

テック企業はチームとデリバリーとの間の摩擦を取り除くことに懸命だ。なので、この考え方は他の場面にも幅広く応用されている。

たとえば、キーボードやマウス、USBケーブルといった備品も、都度発注す

るのではなく、社内に小さな無人店舗を用意して、そこに在庫を置く。必要になったら店舗へ自分で取りに行けばいい。お菓子の自動販売機みたいに、よく使われる備品の自動販売機を設置するというわけだ。備品を手に入れたければ、社員証をピッとタッチしてゴーだ。

　もちろん持っていってかまわないのは必要なぶんだけだ。無駄づかいをしないことは暗黙のルールになっている。テック企業は申請フォームや「許可担当者探し」といった、お役所的な、従来型企業だったら「ひょっとしてこれを楽しんでいるのでは？」と疑うような手続きは排除する。テック企業ではさまつなことにはこだわらない。そのおかげで、みんなが速く動けるようになっているんだ。

7.3　ハックウィークを開催する

　「ハックウィーク」とは、エンジニアが通常業務を脇に置いて、自分の好きなことをなんでもやれるイベントだ。Spotifyでは期間を1週間として年に2回開催される。ここで新しいアイデアを試して、メンバーにイノベーションを起こしてもらうのが狙いだ。メンバーそれぞれが情熱を持っている対象に取り組んでもらうことで、新しいプロダクトのアイデアや機能が生まれることを目論んでいる。Googleはこれを「20％ルール」（業務時間の20％を好きなサイドプロジェクトに使ってかまわない）として実践して、同種の発想の有名な先駆者となった。20％ルールはGmail、Google Maps、AdSenseの開発につながった。

　ハックウィークに参加するのは単独でもいいし、チームを組んでもいい。内容は基本的に、やりたいことなら何でもいい。ただし一つだけルールがある。ハックウィークの最終日には必ずステージに上がって、自分の時間をどう使ったのかをみんなに示さねばならない。

　このルールは「リリースする責任」に加えて「自分の行動に責任を取る」とはどういうことなのかという感覚も養える。ハックウィークでは何かをリリースすること、何かをデモすることが強く推奨されている。

　ハックウィーク開催週のあいだ、メンバーは心底一生懸命に働く。普段の仕

事より長い時間働いている人も少なくなかった。そしていよいよ最終日の金曜日になると、みんながメインステージの周りに集まって、それぞれの持ち寄ったハックの成果のデモが始まる。なかにはびっくりするようなものもあった。

　たとえば過去のデモでは、以下のようなものが披露された。

- 共有プレイリスト
- 音楽の新たな可視化の手法
- 不安定なテストを把握するためのダッシュボード
- 会議室の地図（Spotifyには所在がわかりづらい会議室がある）
- ドラムの周波数を解析して曲の盛り上がりに合わせてカウベルを鳴らすハック（カウベルをもっと！）
- ものすごく大規模なプロジェクトのコンパイル時間の短縮

そのまま製品化されるようなハックはごくわずかだったが、ハックウィークで達成されたことにはもっと大きな成果があった。

- 各拠点の従業員が一堂に会することができた
- 普段は一緒に仕事をする機会がないメンバーとコラボレーションできた
- 全社にわたって強い絆を生み育てることに寄与した
- 従業員ひとりひとりのユニークな才能と創意工夫に触れる機会になった
- 学習の手段として役に立った
- ものすごく楽しかった

　ハックデイ、ハックウィーク、20％ルール。呼び名はどうあれ、テック企業は従業員に探索の余地を与えている。その理由は活力を生むからだ。こうした取り組みが新規プロダクトやイノベーションにつながることもあるにはある。しかし、もっと大切なことは、テック企業は従業員に、同じ情熱とエネルギーを日々の仕事にも注いでほしいと考えているという事実だ。そうした情熱を呼び起こすのにもし、年に数日程度やりたいことをやらせるだけで済むというなら、テック企業はその「代金」をよろこんで支払うはずだ。

7.4　技術に明るいプロダクトオーナーを活用する

　プロダクトオーナー（Googleならプロダクトマネージャーと呼ばれている人たち）は、テック企業が開発するプロダクトの背景にあるビジョンや、顧客の要求を体現する役割を担う。アジャイル界隈の人たちにとってこの役割は「顧客」とみなせるだろう。なぜなら、彼らは開発対象のシステムの要件を把握しているビジネス側のメンバーだからだ。

　しかしテック企業では、プロダクトオーナーやプロダクトマネージャーの役割の重要性はずっと大きい。プロダクトオーナーに求められるのはプロダクトの舵取りだけではない。社内の関係者が抱く期待のマネジメントや、外部ベンダーとの調整など、適切な仕事がきちんとやり遂げられるように各方面へ働きかけるのも彼らの仕事だ。

　プロダクトオーナーは技術にも明るい。多くは元エンジニアであり、テクノロジーやデザインを熟知しており、学ぶことにも熱心だ。これは、テック企業では「テクノロジーとビジネスとを人為的に分断して悩んだりはしない」ということの証左でもある。

　これは物事の実行に移すにあたってはものすごく有利になる。プロダクトオーナーはプロダクトに何が必要かを語れるだけでなく、それを開発するエンジニアが理解できる言葉にも難なく翻訳できるのだから。

7.5　品質に高い期待を持つ

　テック企業は品質に関する期待が高い。なかでもその違いは主に2つの点で明白にあらわれる。

　まず、テック企業では求められるコードの品質が高くなる。私がこれまでにエンタープライズ企業で見てきたようなコードでは、GoogleやFacebookのコー

ドレビューを通ることはないだろう。これは単なるエンジニアの質の違いじゃない。仕事として期待される質が違うんだ。

　まず、エンタープライズ企業でなら予算や納期の名の下に容認されていたような貧弱な設計判断は、テック企業では受け入れられない。手抜き仕事の行く末は周知されているので、ひどい仕事は認められない。ただ突き返される。エンジニアはやり直しを求められる。成果物は期待に見合う質を達成した場合にのみ変更は受け入れられて、（プロダクトやサービスのコードを格納しているリポジトリの）メインラインにマージされる。

　次に、テック企業での品質の違いが明確になるのは、プラットフォームやシステムだ。テック企業を設立し、率いているのはエンジニアだ。システムの品質を高める取り組みのために説得したり奮闘したりする必要がない。やればいいだけだ。

　Spotifyがグローバルな音楽ストリーミングをサポートするための改良に2年を費やし、Amazonは1年かけてアーキテクチャをモノリスから分散型のWebサービスへと移行したのもそれが理由だ。こうした改修がすぐに利益をもたらすわけではない。しかし、辿りつきたい地点に到達するために必要なことだとは理解していた。だから彼らは実行に移した。

新機能なしの2年間

　2011年7月、Spotifyは困っていた。当時は米国でのサービスを開始したばかりで、Facebookとの大きなパートナーシップも結んでいたが、Spotifyのシステムは破綻寸前だった。大量のユーザーによる音楽のストリーミング再生に、Spotify内部のシステムが耐えられなくなっていたのだ。利用の拡大に追いつけなくなっていた。

　SpotifyのCEOであるDaniel Ekは取締役会で、CEOなら誰もやりたくないメッセージを伝えた。一言一句正確ではないが、要旨はこんな感じだ。「Spotifyは来年まで新機能を一切追加するつもりはない。その

代わり、インフラストラクチャとスケーリングに取り組むことにする」
取締役会は同意したが、それは結局 2 年がかりの取り組みになった。

　だからといって従来型企業もインフラストラクチャの整備に 2 年を費
やすべきだというつもりはない。だが、ユニコーン企業はこうしたベッ
トに取り組んだり投資したりしている。重要だと思ったなら、それをや
る。だからこそユニコーン企業はシステムをちゃんと機能させられるし、
迅速に行動することもできる。そして、これこそが彼らのプロダクトを
顧客が気に入る理由でもある。

Gustav SöderströmによるSpotifyの簡単な歴史：
http://www.youtube.com/watch?v=jTM7ZCKEUGM

　エンジニアにとっては、品質への期待の違いが仕事にもたらす効果は次の 2
点だ。

1. 期待が高いからこそ、質の高い仕事ができる

　予算や期日といった「言い訳」が取り除かれているので、きちんとシステムを
開発できるだけの時間がある。これは安心をもたらす。システムはただ機能す
ればいいというものではなく、適切に作られている必要がある。リリースのプ
レッシャーがないわけではないが、きちんと開発することへのプレッシャーは
もっと大きい。長期的視点に立つインセンティブが働いているので、仕事の質
を気にかけるようになる。その結果として、仕事の質が高まる。

2. もっと速く進める

　組織全体として仕事のレベルを高く保つことに心を砕いているので、予算や
期日を「言い訳」にした不十分な設計判断は許容されない。この結果が好循環の

フィードバックとスピードをもたらす。

　仕事の質が高ければ、あなたは他のチームを信じて頼るようになる。他の
チームもあなたの仕事を信じて頼ってくれるようになる。その結果として、全
体の進みが速くなる。

7.6　社内オープンソースを活用する

　テック企業のソフトウェア開発におけるもう一つの重要なプラクティスは、
社内オープンソースモデルの採用だ。社内オープンソースでは、社内の誰でも
いつでも他のメンバーのコードをチェックアウトできる。

　誰が変更を提案してもかまわない。バグも修正していい。社内限定であって
も、世にあるオープンソースと同じような考え方にもとづいている。

　社内オープンソースの便利なところをいくつか紹介しよう。

1. 仕事がブロックされることがない

　バグの修正が必要だけれども、そのプロダクトをメンテナンスしているチー
ムに時間的余裕がない場合は、コードをチェックアウトしてプルリクエストを作
成する。自分で変更すればいいんだ。

2. ボトルネックがほとんどない

　誰でもいつでもコードベースに対して作業できるので、複数の仕事が同時に
進められる。特定のチームがボトルネックになることがない。各チームは互い
に独立して、同時並行で仕事に取りかかれる。

3. 指針のあるコラボレーション

社内オープンソースは「勝手気ままに」とはいかない。あなたが加えた変更は、システムの所有者によって検証されねばならない。これは良いことだ。自分で自分に必要な作業ができるだけでなく、それを一貫性のある、きちんとした設計で実装できる。こうすることで、誰でも変更を加えられることと、それをちゃんとしたやり方で行うこととの間で適切なバランスを保つことができる。

7.7　あらゆるレベルでの継続的な改善

Spotifyは、しっかりと自律したスクワッドに信頼と権限を与えることでかなりうまくやってきた。そんな彼らでも、スクワッドが継続して改善に取り組んでもらうことは意識的に促していた。ここを流れに任せるようなことはしていない。Spotifyでのマントラは「継続的に改善すること」だった（好みかどうかは関係ない）。

取り組みのなかには構造化されていたものもあった。アジャイルコーチは定期的にスクワッドのヘルスチェック[†1]やふりかえりを実施していたし、マネージャーは継続的にスクワッドとミーティングをして、スクワッドがもっと良くなるにはどんな支援ができるのかを考えていた。

それ以外にもSpotifyでとても私の印象に残っていることがある。それはものすごく大規模なカンパニーベットを終わらせた後のふりかえりのことだ。そのふりかえりは全社横断で開催され、ベットに参加したすべてのチームが参加した。ふりかえりの結果は、すべてのチームと経営リーダーに送られた。

内容はきれい事ばかりではなかった。そこには本物のフィードバックがあった。どう改善すべきかについての真剣な提案があった。やらかしてしまった間違いや、コミュニケーションの不備を認めていた。他のテック企業でもSpotify

---

†1　訳注：https://engineering.atspotify.com/2014/09/16/squad-health-check-model

と同じようなことをしているのだろうか。私はよく知らない。ポストモーテム[†2]がGoogleやPixarでよく実施されていることは知っているし、Spotifyでもサービス停止や特別な事象が発生した際にはポストモーテムを実施している。

　他社はともかく「継続的に改善すること」というマントラは間違いなくSpotifyのDNAに焼きつけられており、組織の中心部にまで深く浸透していた。

「みんながやってるのは金メッキ張りですよ」

　私が過去に参加していたとあるエンタープライズ企業のプロジェクトで、チームのテックリードが設計を提案してきたときの話だ。彼の提案した設計は、問題をすぐに修正はできるが、後になって開発者にさまざまな誤解と混乱を招きかねないものだった。他のエンジニアや私が彼の案を押し戻そうとしたときに、そのテックリードはこう言った。「みんながやってるのは金メッキ張りですよ」と。

　これは褒め言葉ではない。彼が言わんとしたのは「みんなの案は過剰設計で、自分の設計案を採用したほうが早くできるし、それで動くじゃないか」ということだ。

　このテックリードは有能なエンタープライズ企業の開発者ではあったが、それはまた彼の判断基準が予算や納期を守ることに強く傾いており、設計が長期的に及ぼす影響を深く考えないことにもつながっていた。これはエンタープライズ企業では特に珍しい話でもない。予算と納期の名の下に、まずい判断が下されるのだ。もちろん、テック企業だからといってまずい判断と無縁だというつもりはない。ただ、許容される閾値はずっと高いし、エンジニアには最初からちゃんと設計することが奨励されている。

---

†2　訳注：プロジェクト終了後や顧客に影響のおよんだ障害対応後に組織的な学習を目的としておこなわれる事後検証の取り組み。『SRE サイトリライアビリティエンジニアリング』（オライリー・ジャパン）などを参照

7.8 フィーチャーフラグを活用する

テック企業にはリリースを上手にこなすことが求められる。テック企業のリリースでは、フィーチャーフラグとリリーストレインの2つが定番のプラクティスとなっている。

フィーチャーフラグ（フィーチャートグル）はソフトウェアで実装されたスイッチだ。チームは自分たちのソフトウェアの特定機能を本番環境上でオンにしたりオフにしたりできる。なぜ機能をオフにしたいことがあるのだろうか？理由は2つある。未完成の作業の統合と、実験だ。

未完成の作業の管理は、長らくソフトウェアでは悩みの種だった。プロダクトの中心から外れたところに置いておく（完成したら後で統合する）か、それとも統合するか。統合してしまうと、機能自体は含まれているのに実際にはまだ動作しない、という厄介な状態になってしまう。

フィーチャーフラグはこの問題を解決する。チームが未完成の作業をコードベースにマージしても、それをフィーチャーフラグで隠せるのだ。ソフトウェアの実際の利用者には影響を与えることなく、開発を続けられる。

```
ON (■) OFF
if onboardingEnabled {
  showOnboarding()
} else {
  showLogin()
}
```

フィーチャーフラグ 🏁🏁
本番環境上で、
未完成の機能を隠したり、
動的に機能をオン・オフする手法

これはインテグレーションのプロセスをシンプルにするので、マージが後回しになっているせいで修正が遅れているバグの数を最小限にできる。また、**8章**で説明するように、テック企業はフィーチャーフラグを使うことで複数バージョンを同時にデプロイしてさまざまな実験をおこなったり、実際に顧客がどう使うのかを観察したりもできる。

そして、フィーチャーフラグがその真価を発揮するのはリリーストレインと組み合わせたときだ。

7.9 リリーストレインでリリースする

リリーストレインとは、完成した機能のまとまり（バッチ）を、あらかじめ決められた間隔で定期的にリリースするプラクティスだ。頻度は毎日でも、隔週でも、毎分でも好きにしてかまわない。考え方の基本は、完成した機能はどんどんリリースしていくというものだ。あるリリースを終えたらすぐに、次の「列車」は駅を出発する準備を整え始める。

リリーストレインの様子

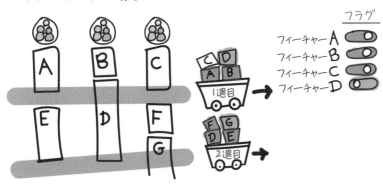

定期的なリリースをとにかく継続していくことには2つの重要な効果がある。まず、期日に間に合わせるために期限ギリギリまで機能を詰め込もうとするストレスから解放される。次に、チームはプロダクトを小さなバッチで継続的に改善できるようになる。バッチが小さくなれば、テストやデバッグも容易になる。

リリーストレインとフィーチャーフラグを組み合わせると、継続的にリリースできる実に見事な仕組みが実現する。複数のチームが全社にわたって分散していたとしても、未完成のものも含めた新機能を単一のコードベースからリリー

スできるのだ（Spotifyはそうやってデスクトップ版と一緒にiOSとAndroidのアプリをリリースしている）。

エンタープライズ企業のチームには、フィーチャーフラグやリリーストレインはこれまで必要なかった。実験なんて不要だったからだ（企業によっては未完成の機能を隠すためにフィーチャーフラグは採用している）。彼らにとってプロダクトの構築は一度限りの仕事なので、リリースしたら次のプロジェクトに移るだけだ。イテレーションも必要なかった。

ところが、テック企業と競争することになるプロダクト開発では、プロダクトの寿命が長くなる。ここでもっとうまくやっていこうと思うなら、フィーチャーフラグやリリーストレインに慣れ親しんで、リリースプロセスに加えていく必要がある。これらはイテレーションや実験に欠かせないというだけでない。もっと迅速な対応や、早めのバグ修正、顧客体験やデザインの全体的な向上にもつながる。

7.10　技術を「一級市民」として扱う

前章と本章の2つの章にわたって、さまざまなことを説明した。テック企業がデリバリーをどう考えているのか、その感覚がいくらかでも伝わっていることを願う。あわせて、生産性向上と職務遂行のためにテック企業が継続的に投資を続けていることもわかってもらえたらと思っている。

まとめておこう。テック企業は技術を「一級市民」として扱っており、技術を効果的に活用することで速く進んでいる。つまり、

- テック企業は意図をもって生産性に投資している
- テック企業はチームを信頼して権限を持たせている
- テック企業は技術に手を抜かない。開発基盤を「一級市民」として扱っている

テック企業が得意としている分野はまだ他にもある。それはデータの収集と

活用だ。次の章では、テック企業がデータを普段からどう活用してプロダクト
の意思決定をうまくこなしているのかや、顧客のプロダクトの利用実態からど
うやってインサイトを得ているのかを見ていこう。

8章
データから学ぶ

この章ではデータの話をする。テック企業がプロダクトを良くしていくためのツールとしてデータを幅広く活用している様子を見ていこう。データの活用といっても、単にデータをどのように収集し、保存しているのかに留まらない。集めたデータを処理することを支援するためにテック企業が用意している新たな役割や、プロダクトを計測することによってプロダクトの意思決定をどう改善できるのかも学んでいく。

データの活用法を学ぶことで、プロダクトの機能についての新たなインサイトが得られる。これはあなた自身やチームのイノベーションに役立てられる。データをうまく活用することで、プロダクト開発で競合他社よりも一歩先んじることができるはずだ。

8.1　どこにでもデータがある

テック企業に入社してまず最初に感じるのは、プロダクト開発においてデータがいかに大きな役割を果たしているのかということだ。あらゆる場面でデータが重視されている。

　データは全社の主要メトリクスから始まる。たとえば、Spotifyのような音楽ストリーミングサービスであれば、月間アクティブユーザー（MAU：Monthly Active Users）、日々の登録者数、有料プレミアムユーザー数を追う。全社ミーティングでは毎回、これらの数字をめぐって議論が交わされる。トレンドはどうなっているのか。その理由はなぜなのか。

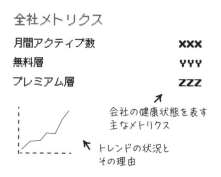

そこから大きなカンパニーベットが生まれる。事業に大きな変化を起こせそうな「大きな岩」がカンパニーベットだ。たとえばそのパートナーシップを提携することで、どれだけ新規登録者数を獲得できるのか？　日本向けのサービスローンチは良い数字をあげているのか？　大きな岩をどかしたところには、願わくば、でかい数字があってほしい。

　メトリクスの数字をドリルダウンした先には、トライブやスクワッドがそれぞれのミッションのために追うメトリクスがある。朝の通勤で人気の曲は？　スピーカーで音楽をストリーミング再生している人は月あたりで何人？　テレビでのリテンションの傾向は？

　従来、オーダーメイドの社内業務システム開発では、こうしたメトリクスを追う必要なかった。なぜなら顧客は社内にいるし、彼らには社内向けソフトウェアを使うかどうかを選ぶ余地はない。しかも、社内業務システムはリリースされたらプロジェクトは終了だ。追わねばならないものは何もない。

　社外向けのプロダクト開発はそうじゃない。顧客は社内にはいない。何をす

べきかは誰も直接教えてくれない。自ら外に出て、顧客にとって意味があるものは何なのかを把握するしかない。

どんなテック企業もプロダクトをリリースしたら何よりもまず、データを収集して人々がどのようにプロダクトを使用するのかを計測するのはこれが理由だ。

8.2 プロダクトを計測する

プロダクトの計測とは、顧客が何をしているのかについてのインサイトを得るために、アプリケーション内のイベントをキャプチャすることだ。

たとえば、写真共有アプリケーションを開発しているとしよう。この場合は、顧客がアプリ内をどう遷移しているのかがわかると良さそうだ。

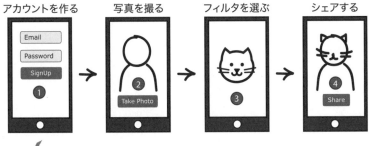

撮った写真をシェアしてもらうことがゴールなら、シェアされた回数だけではなく、シェアに至るまでのどの過程で行き詰まっているのかも追って、見えるようにしておこう。

鍵となるタップイベントを記録しておくのも有効だ。たとえば、あるスクワッドがこう考えたとする。車での長旅に向けてグループでプレイリストを共有できる「コラボプレイリスト」機能をユーザーに提供したら、月間アクティブユーザーを増やせるのではないか、と。

　この場合、機能をとにかく開発してリリースして、うまくいくことを願う、というやり方はしない。ここでの鍵となるイベントは、顧客が「コラボプレイリスト」の作成ボタンをタップすることだ。これをキャプチャして、データからインサイトを引き出せるようにしておく。

鍵となるタップイベントをキャプチャする

　リリースしたものの、コラボプレイリストはあまり使われていなかったとしよう。その理由は、ひょっとしたらコラボプレイリストの作成ボタンが画面上でわかりやすく表示されていないからかもしれない。検索画面に最近再生した曲が初期表示されていることに気づかなかったからかもしれない。あるいは、プレイリストに入っている曲と入っていない曲の区別がわかりづらいのかもしれない。

　どんな疑問を抱いたとしても、顧客がプロダクトをどう使っているのかを把握しない限り、その疑問には答えられない。だから計測してインサイトを得る。そしてイテレーションを重ね、改善し、またテストする。

　実際のところ興味深い疑問というのは、データを手に入れたとして、そこからどうするのかということだ。たとえば、顧客にもっと使ってもらえるようなデザインの代替案を2つ思いついたとしよう。どちらが最善なのか確証を持てないとしたら？

　「まさか！」と思うかどうかはわからないが、この疑問に答える方法がある。両方のデザインを同時に試せばいい。実際、テック企業は絶えずそうやってい

て、その手法は「A/Bテスト」と呼ばれている。

8.3 A/Bテストで実験する

A/Bテストとは、どのデザインがより効果的かを確かめるために、テック企業がプロダクトを使って実施している実験のことだ。

コラボプレイリストの例に戻ろう。友人とプレイリストをシェアする機能を実装したのに、ユーザーは全然使ってくれていなかったとする。その理由は何だろうか。たとえば、曲をたくさん追加してしまうと、シェアボタンがページの最下部に押しやられてしまう。すると、下の方までスクロールしない限りボタンはまったく視界に入ってこない。ひょっとしたらシェアボタンの配置をもっと上部に移したらシェアしてもらえるのでは？

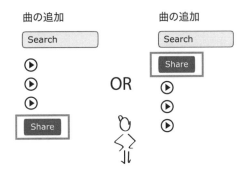

どっちのデザインが良いか？

こうした疑問に直面したとき、テック企業はどちらかを選ぶようなことはしない。どちらも試す。

A/Bテスト　プロダクトで実験する手法

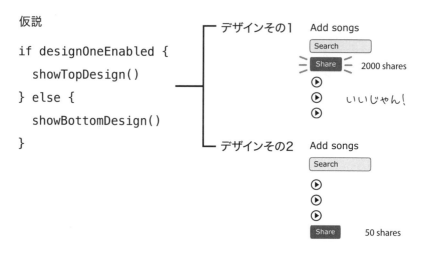

仮説

```
if designOneEnabled {
    showTopDesign()
} else {
    showBottomDesign()
}
```

　シェアボタンをページの一番上に配置して、そこをタップしたユーザー数を計測することで（シェアボタンを一番下に配置したバージョンと比べられる）、どちらか一方のデザインに決めてしまう前に、両方のデザインを試せる。テック企業は継続的にこうした小さな実験を繰り返すことで、うまくいきそうな状態に向けて素早く調整している。

　これがA/Bテストだ。テック企業はプロダクト開発ではいつもこうした実験を繰り返している。テストの結果、一方のデザインが他方のデザインよりも多くシェアされるとわかれば、しめたものだ。進むべき方向の手がかりになる。そうじゃなかったとしても、それはそれでかまわない。どちらか一方のデザインに決めてリリースしてしまう前に、あらかじめ両方の結果を知ることができたのだから。

　A/Bテストとフィーチャーフラグの仕組みはほぼ同じだ。違いは、A/Bテストには新しいデザインに誘導するユーザーのグループを決定する仕組みが追加で必要になるところだ。大抵は小さめの集団から始める（1%、3%、5%など）。そして、問題点のほとんどを解決できたと思えたら、新しいものに置き換えても

大丈夫だと確信を持てるようになるまで、誘導する割合を徐々に上げていく。

　A/Bテストの典型的な例としては、以下のようなものがある。

- 表示する検索結果の数
- リンクの文字列の長さ
- ビデオゲームの重力パラメーター
- 行動喚起（CTA[†1]）のためにボタンに表示する文言
- マーケティングのための見出しや文言

 ## A/Bテストはツールに過ぎない

　A/Bテストは強力だが、結果の扱いには注意が必要だ。A/Bテストが代わりに考えてくれるわけではないからだ。それに、統計的に有意な結果を得るには、大量のデータが必要になる。

　たとえば、とあるA/Bテストされたデザインが他よりも多くコンバージョンしたからといって、必ずしもそのデザインがすぐれていることにはならない。実験中に行われていた他のマーケティングキャンペーンの影響でトラフィックが増えていただけかもしれないし、ある機能をオフにしたのと同時に別の機能をオンにしていたことで2つのテストが交差してしまった結果、ユーザーに予想外の影響を与えていたのかもしれない。

　それに、A/Bテストが本格的な実験として効果的に機能するためには、大量のユーザーとデータが必要だ。ほとんどの企業のユーザー数はGoogleやAmazon、Facebookには及ばない。前提となるデータ量が十分でないとA/Bテストは統計的に有意にならないので、あまり意味がない。

　そんな場合に有効な手立ては、直接10人の顧客と会って話をすることだ。あなたのプロダクトのどこが好きで、どこが嫌いなのかを教えてもらおう。

---

†1　訳注：Call To Action の頭字語

A/Bテストはあなたの仕事にも影響を与える。バックログのユーザーストーリーと同じように、実験にも優先順位が必要だ。また、収集しているすべてのデータの意味を理解し、実施する意義のある実験を考え出すのを助けてくれる人材も必要だ。

こうした局面ではデータサイエンティストの力を借りたくなるだろう。

このプロダクトを友人に勧めたいと思いますか？

テック企業がプロダクト開発にあたって熱心に追うメトリクスがネットプロモータースコア（NPS：Net Promoter Score）だ。NPSは、そのプロダクトを友人に推薦する可能性の尺度をあらわす。

NPSの質問は文字通り1つだけだ。「あなたはこのプロダクトやサービスを友人に勧めたいと思いますか？」 この質問に0から10までの尺度で答えてもらう（10が最も高い）。

- 9～10と答えた人はプロモーター（推薦者）と呼ばれる
- 0～6と答えた人ははデトラクター（批判者）と呼ばれる
- 7～8の結果は考慮しない

たとえばNPSのスコアが80というのは、88%の人があなたのプロダクトに9か10を、8%が0～6を、12%の人が7か8をつけたという意味になる[2]。

スコアが50以上であれば素晴らしい結果だ。この数字は負の値も取りうる（多くのプロダクトではそこがスタート地点だ）。NPSはテック企業にとって普遍的な尺度だ。彼らはこの指標を追うことで、自分たちのプロダクトがどれだけの人に好かれているのか、それとも嫌われているのかを把握している。

---

[2]　訳注：NPSの算出ではプロモーターの割合からデトラクターの割合を引く。この例でのNPSスコアは88%-8%で80となる

出典：Y Combinator, David Rusenko-How to Find Product Market Fit

https://www.youtube.com/watch?time_continue=692 &v=0LNQxT9LvM0

8.4 そこでデータサイエンティストですよ

データサイエンティストとは、データの意味をメンバーが理解することを手助けする数学者兼エンジニアだ。今日の企業には自由に扱える膨大な量のデータと計算資源があるので、収集したデータを処理し、クリーンアップとフィルタリングの後に推論できる専門家が求められている。また、データプロセッシングのコストが劇的に下がったため、大企業に限らず誰もがツールやインサイトを活用できるようになった。

Spotifyでは、データサイエンティストはこんな風にチームを支援している。

- 収集するメトリクスを決定する
- さまざまな形式のデータをフォーマットしてクリーンアップする
- タグ付けとコレクションのための命名規則を考える
- 仮説と検証を立案する
- どの結果が統計的に有意であるかを判断する
- 探索的にデータを分析する
- レポート、サマリー、ダッシュボードを用意する

チームを支援するデータサイエンティストは1人のこともあれば、2人のこともあった（データを分析できる状態にするだけでフルタイムの仕事になることもある）。

ここで重要なのは、データプロセッシングはもはや大企業の上級管理職だけ

のものではないということだ。テック企業はこのパワーを自律した小さなチームにも与えて、プロダクト開発で大きな効果を発揮している。データとその徹底的な分析は、テック企業の運営のまさに中心にあるのだ。

機械も学習できるって知ってた？

洞窟にでもこもっていたのなら話は別だが、機械学習やML（Machine Learning）といった新しくテクノロジーの辞書に加わった用語を聞いたことがあるだろう。機械学習は、Netflixが映画を推薦したり、Spotifyが楽曲を推薦したり、Googleの自動運転車が自律的に運転したりといったことを可能にしている。

機械学習の基本的な考え方はこうだ。ものすごく大量のデータをコンピューターの学習アルゴリズムに投入して、マシンに特定の種類の情報を分類する方法を学習させる。学習結果が得られたら、それをアプリケーションで利用する。そのためには膨大な量のデータと莫大な計算能力が必要になるが、近いうちに誰でも利用できるようになるだろう。

テック企業は長年にわたってデータを収集しており、機械学習もあくまで彼らのデータ活用法の一例に過ぎない。テック企業は新規プロダクトや新規サービスの開発にも蓄積したデータを活用するようになったが、これも単に数年前までは不可能だったことが可能になったからだ。近年は数学や統計分析のスキルを持つ人材に対する需要が急激に高まっているが、その背景にはこうした状況の変化がある。

8.5　データを活用する

　この章が短いからといって見くびらないでほしい。データがテック企業の運営に占める割合は大きい。データ活用の最初のステップはプロダクトの計測だ。これでユーザーが何をしているのかがわかる。次のステップはデータの分析だ。分析にあたってはデータサイエンティストのような人の力を借りる。

　次の章では、テック企業が文化を活用して働きやすい職場を生み出している様子を見ていこう。文化がこれからのユニコーン企業にとっては座視しておけないものだということがわかるはずだ。

9章
文化によって強くなる

　テック企業において文化とは勝手に育つものとされていたが、そんな時代は終わった。文化は放任しておくにはあまりにも重要な役割を担っている。だからこそ、多くのテック企業では文化に直接投資している。文化によって望ましいことを推し進めつつ、望ましくないことを止めさせる。

　この章では、どういった要素が企業文化を良いものにしているのかと、テック企業の文化を形成する「核となる信念」に注目する。また、従業員の採用でテック企業が重視していることや、リーダーやマネージャーに期待されていること、どんな振る舞いが求められているのかも解説する。

　この章を最後まで読めば、なぜ文化がそんなにも重要で、テック企業は文化を勝手に育つに任せていないのか、その理由を理解できる。これはあなたが自分の職場で文化を定義し、築いていく際のヒントになるはずだ。

9.1　会社が違えば文化も違う

　テック企業の文化は説明しづらい。確かに、テック企業一般に共通する働き方の特徴はある（フラットな階層や、権限が与えられた信頼のおける小さなチー

ムなど）。けれども、テック企業それぞれの間でそのニュアンスには違いがある。

ロゴ	特徴
デザイン
Google	エンジニアリング
f	プロダクトのリリース
amazon	顧客第一
	音楽
NETFLIX	スポーツチーム
P I X A R	物語

　たとえばApple。Appleが世界で最も革新的で成功を収めているテック企業のひとつであることは間違いない。Appleは「アートとサイエンスの交差点」に堂々と立つ存在だ。けれども、Appleはシリコンバレーで最も秘密主義的な企業のひとつでもある。Appleでは「すべての情報は基本的にオープン」ではない。

　Googleのミッションは世界中の情報を整理することだ。しかもそれを「邪悪」なことをせずに成し遂げたいと考えている。ミッション達成のために、Googleは世界で最も困難な技術的問題に取り組むことになった。Googleの文化が焦点を合わせているのはハードコアな計算機工学や計算機科学の問題の解決だ。そのために、大学で教えられているような計算機科学の原理の数々を駆使している。

　Amazonは「世界の店舗」になりたいと考えている。それと同時にAmazonはその運営において倹約を強調している（Sam WaltonがWalmartで実践したように、すべての節約分を直接顧客に還元したいのだ）。Amazonは顧客にフォーカスすることに取りつかれていると言ってもいいぐらいだ。Amazonの仕事の多くが顧客体験からの逆算で進められている理由もここにある。

　Netflixは、他の企業とは逆のアプローチを採用している。仕事を通じて家族であるかのように感じてほしいと公言する企業は多いが、Netflixは自分たちを

スポーツチームであるかのように考えていることを隠さない。Netflixで働くというのは、自分の役割を果たすことだ。そのため、その役割が必要なくなればすぐにトレードに出されるか、手放されることになる。

いま挙げた企業はいずれも、よく似たかたちで従業員に権限を与えているし、信頼もしている。しかし、それぞれの文化は大きく異なる。では、良い文化とは一体どんなものなのだろうか？

次のセクションでは、私自身がSpotifyの文化をどう感じたのかを、効果的だと思った理由とともに紹介しよう。それからSpotifyの「核となる信念」と、その信念がどんな行動としてあらわれていたのかを、実例をまじえながら見ていく。

文化を強める：Apple の場合

Appleはさまざまな手法を駆使して、デザインやプロダクトに対する独特のアプローチを強固なものにしている。たとえば、すべての新入社員は初出勤日にこういう手紙で歓迎を受ける。

初出勤を歓迎する手紙

単なる仕事と人生の一部になる仕事があります。あちこちにあなたの指紋が残るような仕事。絶対に妥協したくないような仕事。週末を犠牲するのに見合うような仕事。Appleではそんな仕事ができます。ここに浅瀬で安全に遊びたい人たちは来ません。深みへと飛び込むためにここに来ているのです。

みんな仕事で何かを成し遂げたいのです。

何か大きなことを。他のどこでも起こらない何かを。

Appleへようこそ

　そしてこういう絵を見せて、Appleのプロダクトやデザインへの姿勢を示す。

　このピカソの絵が表しているのは「牛を描くための線をどれだけ少なくできるか」ということだ。こうやってAppleは「シンプルさとは洗練の究極の形である」という彼らのマントラを強めている。

　Apple以外のテック企業も、自分たちが作りたい文化はどんなものなのかを深く考えている。文化は流れるに任せておいてよいものではない。企業の成功や仕事に与える影響があまりにも大きいのだ。

9.2　Spotifyの文化

　企業の文化を説明するのは難しい。その真髄やニュアンスは日々の仕事でしか体感できないので、うまく捉えられないことが多い。これを何とかするために、Spotifyの文化を3つの視点から見ていこうと思う。

　まずは、マネージャーやエンジニアの視点からはSpotifyの文化がどう感じられるのかを見ていく。ここではSpotifyの文化全般について述べる。良い文化とはどんな感じなのか、文化が従業員の生活やキャリアに与える影響を例示しながら説明する。

　次に、Spotifyが職場で強めていくことが重要だと感じている「核となる信念」を具体的に説明する。あわせて、Spotifyはメンバーにいつもどんな期待を抱い

ているのかも見ていく。

　最後に、文化が行動に移されている様子をいくつかストーリーとして紹介する。なぜなら、最終的に文化は行動にこそあらわれるからだ。行動に移されないものは文化ではない。ただの言葉の羅列だ。

　では、良い文化がどんな感じなのかから始めよう。

9.3　良い文化ってどんな感じ？

　文化についての感覚を言葉で表現するのは難しい。まずはSpotifyで働くっていうのはこんな感じだったな、という私の感覚を共有するところから始めたい。

- あなたならやれるはず
- みんなのことも信じて大丈夫ですよ
- 私たちはみんな一緒にいますよ
- 誰もが助けるためにいるんです
- 恐れることはありません
- 応援してますよ
- 何か必要なことはある？
- オープンで誠実にいきましょう
- 他者を尊重しましょう
- 信頼していますよ
- それを決める権限がありますよ
- がんばって！

　Spotifyが大事にしているのは、権限付与、信頼、安全、そしてチームだ。Spotifyでは、決して孤立していると感じることはない。支援されていないと感じることもない。どんなときでも会社はあなたとあなたのチームをサポートしてくれる。

　まずはチームの話をしよう。Spotifyは良いチームを作ることにとても力を入

れている。チームとは、協調的で、まとまりがあり、楽しく、うまく一緒に働けるものであってほしいと考えている。そこには「良いプロダクトは良いチームから生まれる」という信念がある。だからチームの一員になれば、孤立することはない。自分一人で抱え込んでいるような感覚はなくなる。マネージャーとチームの連携による素晴らしいサポートのネットワークがある。

「安全」はSpotifyの文化を支えるもう一つの柱だ。脅されたり、怖がらせられたり、箱の中に閉じこめられて同じ作業を延々と繰り返すことを命じられたりすることはない。むしろ正反対だ。自分のコンフォートゾーンを離れて新しいことに挑戦し、どこまでやれるかを確かめることがSpotifyでは奨励されていた。

たとえば、私はもともとテクニカルアジャイルコーチとしてSpotifyに入社した。私の仕事は、あちこちのチームで技術プラクティスの実践を支援して、チームが質の高いプロダクトを作るのに何がしかプラスの効果をおよぼすことを期待する、というものだった。

入社して1年ほど経つと、ひとつ問題に思うことが出てきた。どうも自分はコーチとしてチームにうまく伝えられていないような気がしてきたのだ。むしろエンジニアとして一緒に働いてチームに貢献したり、自ら模範を示したりしたほうが効果があるんじゃないかと考えるようになった。

そこで私は上司と話すことにした。エンジニアとしてフルタイムでチームに参加して、チームの内部から変化を起こせるかを試したい旨を相談した。彼は全面的に応援してくれた。まずは3ヶ月間これを試してみたところ、お互いに納得のいく結果となった。その後、私は正式にテクニカルアジャイルコーチからエンジニアへと異動した。

Spotifyとしては別にそんなことをする筋合いはなかった。こうも言えたはずだ。「提案ありがとう。でもジョナサン、君にはコーチとしてしっかりやってもらえるほうがいい。エンジニアとしてじゃなくてね」

ところが、Spotifyはそうしなかった。私が自分の情熱に従うことを励ましてくれた。私が正しいと思うことをするに任せてくれた。そして一歩ずつ、私の歩みをサポートしてくれた。

これが「良い文化の感じ」だと思う。安全。力を与えられる。現状にとらわれない。

9.4　核となる信念

「良い文化の感じ」がわかったとして、どうやってそれを言葉にすれば良いだろうか？　Spotifyは文化の真髄をつかむために、チームとメンバー、エンジニアリングについての「核となる信念」を編み出した。順番に見ていこう。まずはチームからだ。

チームについての信念

Spotifyはチームのことを、次のような存在だと考えている。

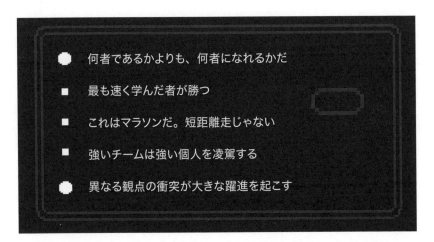

- 何者であるかよりも、何者になれるかだ
- 最も速く学んだ者が勝つ
- これはマラソンだ。短距離走じゃない
- 強いチームは強い個人を凌駕する
- 異なる観点の衝突が大きな躍進を起こす

Spotifyの採用では、「**何者であるかよりも、何者になれるか**」が重視される。テック企業の求人に応募すると、2つのことを求められる。「今日」できることと「明日」できることだ。

このフレーズからSpotifyの期待していることがわかる。「今日」果たすべき役

割がある一方で、Spotifyが心底待ち望んでいるのは「将来、一緒に何ができそうか」だ。心に留めておいてほしいのは、あなたを雇うと決めたテック企業は、あなたに多額の投資をするということだ。だから、テック企業はあなたに長く一緒に働いてほしいと考えている。従業員としては、これは心強い。なぜならこれは、目の前にあるすぐやるべきことを超えた、大きく開かれた未来があるというメッセージだからだ。目を開き耳を澄まして、新しく学ぶことが後押しされていると思えば、マンネリだと感じることもない。辺り一面、解決されるべき問題だらけで、自分自身もその問題の一部なのだと思える。

　「**最も速く学んだ者が勝つ**」というのは、Spotifyやテック企業が実行にあたって重視していることの中心を捉えている。つまり、スピードだ。テック企業のやることはすべて、スピードと学習にかかっている。テック企業が従来型企業よりも特別にすぐれた人材を採用しているわけではない。単にテック企業の方が、チームに与えている権限と寄せている信頼が強いだけだ。それに、テック企業がそうしている理由も、彼らの方が「根が良い人たち」だからではない。信頼して権限を与えたほうが良い結果を生むからそうしているまでだ。テック企業は可能な限り速く動こうとしており、その過程でなるべくたくさん学ぼうと努めている。

　「**これはマラソンだ。短距離走じゃない**」というのは注意喚起だ。私たちの仕事は長距離走だから、ペースはものすごく大事だ。燃え尽きてはいけない。手を抜いてはいけない。これは長い道のりだ。きちんとやろう。

　「**強いチームは強い個人を凌駕する**」　これは興味深い。Spotifyがここで言いたいのは、「身勝手なロックスター」よりも、一緒にチームとしてうまく働ける人に価値を認めるということだ。とはいえ、すべてのテック企業がそうだというわけじゃない。たとえばGoogleは「ロックスター」を好むことに定評がある。それに見合うだけの価値があると思えるなら、好ましくない振る舞いにも我慢するのだろう。Spotifyは違う。Spotifyはどちらをより重視しているのかを明確にすることで、強いメッセージを発信している。つまり「我々は個人よりもチームを信じる」。

「**異なる観点の衝突が大きな躍進を起こす**」とは、多様性のことだ。Spotifyでは何よりも多様性を大切にしている。Spotifyもその始まりは他の多くのテック企業とそう変わりはなかった。白人のオタクっぽい若者たちの小さなグループが、音楽業界を変革する反直感的ベットに賭けた。それがSpotifyの始まりだ。ところがいざ事を実行に移してみると、自分たちにはグローバルなプロダクトを作りあげるための視野が欠けていることに気がついた。世界中の人々に届くプロダクトを作るためには、自分たちとは異なる観点が必要だった。

　これがSpotifyのチームとメンバーに対する信念だ。Spotifyでは経営リーダーや管理職が率先して、採用、チームビルディング、1on1など、折にふれて望ましい振る舞いとはどんなもので、メンバーの何を信じているのかを皆に思い起こさせている。

　次はエンジニアリングについての信念を見ていこう。

エンジニアリングについての信念

　Spotifyはエンジニアリングを次のように捉えている。

- 慎重で思慮深い要件収集よりも、
  学習と実行のスピードを重視する

- イテレーションを短くするほど学習は速くなり、
  価値は早く実現し、品質も高まる

- 世界に誇る技術は少ないほうが、
  速く進める

- 権限の与えられた小さな職能横断チームが
  素早いプロダクト開発の基盤だ

- 強いチームは常にロックスターを打ち負かす

- 知識や実績、経験よりも、学習能力と
  適応能力が重要だ

- あらゆるデータにアクセスできれば、
  人はすぐれた意思決定を下せる

「どこかで聞いたような感じだな」って？　それはそう。これらの信念には、アジャイル界隈に由来するものもあれば、チームについての信念で既に取り上げた内容がそのまま反映されているものもある。

　「**慎重で思慮深い要件収集よりも、学習と実行のスピードを重視する**」ことと「**イテレーションを短くする**」ことは、アジャイルエンジニアリングの基礎だ。私たちは前もってすべての要件は集められないと心得ている。だから、そんなことはしない。試行錯誤を繰り返すことで学ぶ速度を上げていく。最初の2つの信念はこれを明文化したものだ。

　「**世界に誇る技術は少ないほうが、速く進める**」というのは、チームの自律性の暴走を抑えるための戒めだ。確かにSpotifyではプロダクトを作りたいように作れる。だからといって、1万もの異なる言語やテクノロジーをサポートしてい

くつもりはない。Spotifyでは限られた選択肢に落ち着いている。そこから選んで仕事を進めてほしい。

「**権限の与えられた小さなチームが常にロックスターを打ち負かす**」ことについては、すでに触れた。Spotifyはチームを大事にする。「**知識や実績、経験よりも、学習能力**」という言葉が想起させるのは、過去どうであったかはさほど気にしないということだ。我々は、過去よりも未来に強い興味を抱く。

そして、「**あらゆるデータにアクセスできれば、人はすぐれた意思決定を下せる**」という信念は、すべての情報を基本的にオープンにすることにつながっている。

とはいえ、チームとエンジニアリングについての「核となる信念」も、Spotify社内のコミュニケーションと文化を強める方法のひとつでしかない。職場では機会があるたびに「核となる信念」への言及がある。タウンホールミーティングやマネージャーとの1on1はもちろんのこと、それに限らず日々の意思決定のあらゆる場面で「核となる信念」は顔を出す。しかし、信念がいつも必ず「どうすべきか」を明確にしてくれるわけではない。

Spotifyのようによくできた信念を持ちえたとしても、それだけでは十分ではない。文化を実際に定着させるのは、行動だ。従業員としての行動、経営リーダーとしての行動、CEOとしての行動だ。

次は、行動にあらわれる文化を見ていこう。なぜ行動が言葉よりも大事なのかがわかるはずだ。

Amazonで働きたいなら

私はAmazonのエンジニア職の面接を受けたことがある。面接の内容には技術的なものもあったが、大半は文化に焦点を当てたものだった。Amazonは「求める人物像」をリストにしている。

Amazonのリーダーシッププリンシプル[†1]

- Customer Obsession（顧客へのこだわり）
- Ownership（オーナーシップ）
- Invent and Simplify（想像と単純化）
- Are Right, A Lot（多くの場合正しい）
- Learn and Be Curious（学び、そして興味を持つ）
- Hire and Develop the Best（ベストな人材を確保して育てる）
- Insist on the Highest Standards（常に高い目標を掲げる）
- Think Big（広い視野で考える）
- Bias for Action（とにかく行動する）
- Frugality（質素倹約）
- Earn Trust（人々から信頼を得る）
- Dive Deep（より深く考える）
- Have Backbone; Disagree and Commit（意見を持ち、異議を唱えたあとは、納得して力を注ぐ）
- Deliver Results（結果を出す）

この原則は、他の職場でよく飾りつけとして目にするような、上っ面だけの言葉じゃない。Amazonでは初日からこのプレッシャーがかかってくる。「顧客へのこだわり」や、問題への「オーナーシップ」を示せないとか、「常に高い目標を掲げ」ていないようであれば、どんなに優秀な人材であっても、Amazonは雇い続けようとはしない。

https://www.amazon.jobs/en/principles[†2]

---

†1　訳注：各原則の日本語訳は『ベゾス・レター アマゾンに学ぶ14ヵ条の成長原則』（すばる舎）を参考にした

†2　訳注：日本語での説明。https://www.amazon.jobs/jp/principles

9.5　行動は言葉に勝る

　文化を実際に機能させるには、行動で裏打ちする必要がある。このセクションでは、良い文化を象徴するストーリーをいくつかと、それが職場に与える影響を簡単に紹介したい。

「助けてほしい」

　ある日、自分の席で仕事をしていたら、CEOのDaniel Ekからメールが届いた。そのメールでDanielは、当時の競争環境がどんな風であるとか、その年にSpotifyが直面するであろう課題などを説明していた。ここまではよくある光景だが、その後が違っていた。Danielはみんなに助けを求めたのだ。私はそんなことをするCEOを他に見たことがなかった。

　Danielが言うには、そもそもSpotifyのような巨大な組織を率いるのは初めてとのことだった（彼は当時まだ28歳だった。念のため）。我々が既存企業に成り代わって人類の音楽の楽しみ方を未来永劫にわたって変えるには、私や他のみんなの助けが必要だと言うのだ。

　このメールは2つのレベルで信じられないものだった。まず、従業員に対してあんなに弱気を見せたり、正直になったりしたCEOなんて見たことがなかった。それから、CEOがああも弱みを見せられるのなら、私自身もそうしていいんじゃないかと思ったんだ。もう「なんでもお見通しだ」みたいなふりは必要ないのでは？　私の立場がシニアエンジニアで、他のエンジニアが私のことを見ているのだとしても、助けを求めても別にかまわないのでは？

　このメールの件は、過去に私が働いてきた数多くの企業で目にしたどんな行動よりもリーダーシップを発揮していたと思うし、壁に貼られていたどんなポスターよりも雄弁だった。企業はそのリーダーに従う。Danielは身をもってそれを示した。

「壊したのは私です」

　ある日、私の同僚が重要なシステムをうっかり壊してしまった。そのシステムは、すごく人気のあるサードパーティのデバイスに向けた全楽曲のストリーミングを担っていた。彼は作業をした時点では気づいていなかったのだが、誤ってテスト用の設定を本番環境に反映させてしまっていたのだ。それで本番環境が壊れてしまった。

　調査の結果、その障害を引き起こしていたのが自分だと気づいた彼は、トライブ全体に向けてメールを出した。そこにはどのような問題が、どのようにして起こったのかとともに、謝罪の言葉が綴られていた。入社したばかりの彼は、心から申し訳ないと感じていた。

　私の上司がこれに反応したのだが、これが本当に素晴らしかった。彼を非難したり、彼に本番環境への反映手順を見直すことを要求したりせずに、こう返信した。

　「気にしなくて大丈夫です。よくあることですから。本番環境を壊すのは勲章みたいなものです。壊したのはあなたが最初ではありませんし、最後にもならないはずです。それに、あなたに壊せてしまうような本番環境だという事実は、私たちのシステムにはまだ改善の余地があることの証拠です。あなたが能力不足だからとか、新入社員だからとかいう話ではありません」

　完璧な返信だ。ここでリーダーが伝えているのは「ミスは起こるものだ」というだけではない。彼のメッセージは「ミスをしたってかまわない」であり、「ミスすることはゲームの一部だ」である。また、この返信は自律性を抑えたり、ルールを増やしたりするものでもない。我々はあなたのことを信頼している。我々はあなたの味方だ。気持ちを切り替えて、再挑戦だ。

「できました」

　思い出すのは、大手音楽会社との間に極めて重要な締め切りを抱えたチームにいた時のことだ。期日までにリリースするか。さもなくば全員死亡。事実はどうあれ、そんな気持ちだった。

　そんな我々は予定から大幅に遅れており、期日には間に合わなさそうだった。私は経営陣にこの事実を伝えた。これにはどんな反応が返ってくるのだろうかと様子をうかがっていたのだが、次に起きたことに私は唖然とした。厳戒警報、コード・レッド、火災発生、ただちに行動せよ！　……とはならなかった。報告を受けたプログラムリーダーは冷静に顔を上げてこう言ったのだ。

　「いやあ、このデリバリーの責任を担っているのはチームです。もし困っているならチームとして連絡してくるはずですし、そうしてくれると信頼してます」

　この反応は私の予想とは違った。今期筆頭のベットが予定よりも大幅に遅れていることを伝えたのに、経営メンバーは私に「まあ落ち着いて」と言ってきたのだ。

　結局、チームはこの仕事をやり遂げた。私が完全に間違っていたことが証明されたのだ。多少の休日出勤やいざこざは見られたものの、チームはやってのけたのだ。しかも、経営陣は焦ることもせず、チームの抱える問題すべてを解決しようともせず、むしろチームの尊厳、チームには仕事を終わらせる能力があるはずだという信頼を強めることでこの結果を得たのだ。

　これには強い勇気が、信頼が、チームという存在への信念が求められる。ほとんどの組織ではこんなことはしないだろう。これこそ、チームという存在がSpotifyの文化で大きな部分となっている理由である。チームこそがSpotifyの成果を生み出す核心を形成しているのだ。

「ボスは誰なの？」

　Spotifyで当時一番のカンパニーベットを進行させていたプログラムリーダーと同席する機会があった。せっかくなので彼女に質問したことがある。私にはお気に入りの「プロジェクトマネージャー用の質問」があったので、それを彼女に尋ねてみたんだ。「ボスは誰なの？」と。

　これは私が過去のプロジェクトでよく使っていたテクニックで、プロジェクトの要点をつかむのにとても有効だった。プロジェクトに関わるステークホルダーそれぞれの望みが異なる場合に、誰が本当の意思決定者なのかを手早く知ることができる。私からの身も蓋もない質問に、彼女はあっけにとられつつ、こう答えた。

　「ボスが誰かってどういうこと？　ボスなんかいませんよ。チームが決めるんです」

　「なるほど」私は言った。「でも、マーケティングはXをやりたがってるけど、エンジニアリングはYをやるべきだと思っていたら、どっちにするかは誰が決めます？」

　彼女は繰り返した。「チームが決めるんです」

　「チームが決められなかったら？」

　「その時はチームのリーダー達がグループとして決めることになりますね。いずれにしても、私たちマネージャーが判断するということはありません。チームが、関係者と一緒に解決するんです。ボスはいません」

　このやりとりが私のスウェーデン文化との初遭遇の瞬間だった（Spotifyはスウェーデンに本拠地を置く会社だ）。トップダウンの意思決定者を特別視する北米とは異なり、スウェーデンはボトムアップの合意形成による意思決定をもっと大切にしている。私のようなマネジメントスタイルはこの地では通用しなかった。

　このプログラムリーダーの振る舞いが示すものが、私のなかのSpotify文化を強めていった。Spotifyは合意形成の文化であり、単独のリーダーを重んじる風

潮がはびこらないように努めている。チームを基礎とした文化における信頼と
権限付与を強めようとしているのだ、ということを改めて認識した。

一度わかってしまえば、気がずいぶんと楽になった。あらゆる物事に判断を
迫られる重圧から完全に解放された。そして私の仕事は、チームが自分たちで
意思決定を下せるように支援することなのだと気づいた。自分の経験や洞察は、
判断の過程でチームが思わぬ落とし穴に陥るのを避けるために活用すればいい。

「慌てて決めるつもりはない」

とても興味深いことが起きたのは、スウェーデンの文化が北米に持ち込まれ
たときのことだ。スウェーデン人のアジャイルコーチに強くたしなめられたこと
があった。私が重要な会議で意思決定のスピードを上げようとしたからだ。そ
の会議にはプロダクト、デザイン、エンジニアリング、セールスといったさまざ
まな部門のトップが参加していた。

私の提案は、次回の会議までに部門トップ同士は集まって計画を練ってお
いて、それを会議の参加者とあらかじめ共有しておくのはどうか、というもの
だった。私にしてみればこれは合理的な提案に思えたし、北米の部門トップた
ちの多くも、私の方を見て同意のうなずきを返していた。

「私は反対だ。私はこの会議を会社の合意形成カードゲームだと思っている。
だから──」そう言いながらアジャイルコーチは大げさに席から立ち上がった。
そして、会議室のテーブルの上にカードを配るような仕草をしながらこう続け
た。「我々はここでの意思決定を短絡的に進めるわけにはいかない。全員がここ
で合意に達する必要がある。面倒に思えるだろうが、我々はこのやり方を続け
る。どれだけ時間がかかろうとも、ここにいる全員が合意に至るまで続ける」

このアジャイルコーチが特別に頭が堅いというわけではなかった。彼はここ
サンフランシスコでもSpotifyの合意形成の文化を守ろうとしたのだ。サンフラ
ンシスコはスウェーデンほどには合意形成の文化は強くない。彼は会議のファ
シリテーターであると同時に「文化大使」の役割も果たしていたのだ。当時は必

ずしもいい気がしなかったのも確かだが、今にして思えば彼は正しかった。

　アジャイルコーチは会議室にいる我々全員から、互いに異なる立場からの意見を吐き出させて、私が過去に経験した職場では見たこともないようなやり方で我々を一致団結させた。気が進まないことをやり抜くには強いリーダーシップが必要だが、それをやるのがリーダーなのだ。

　文化や価値観を守るためには、気が進まない局面であっても行動をとる。なぜなら、文化は流れていくに任せてしまうと、取り戻すのが難しくなってしまうからだ。だからこそSpotifyはその文化を強めることに力を入れているのであり、職場に文化が息づくことに多大な労力を費やしている。

9.6　スウェーデンっぽさ

　既に述べたように、Spotifyはスウェーデンが拠点の企業だ。2006年にスウェーデンのストックホルムで創業された。Spotifyは北米発ではない稀なユニコーン企業として成長し、世界58カ国以上にオフィスがある。現在のSpotifyはApple、Amazon、Googleなどが競合だが、独自のブランドと文化を確立している。

　このセクションでは、スウェーデンに拠点を置く企業で働くのはどんな感じなのか、慣れ親しんだ北米の文化とはどう異なっているのか、そしてそれが職場にどんな影響を与えているのかをお伝えしたい。

合意形成

　チームを基礎とした合意で仕事や問題解決を進めていくのはスウェーデン人好みの働き方だ。アジャイルなソフトウェアデリバリーをスウェーデン人が自然に受け入れているのもそのためだ。もともとスウェーデン人はそうやって仕事をしていたんだ。

　スウェーデン人にとってチームを組むのは自然なことであり、そこに割り込

んできて何をすべきかを指示し始めるボスのような存在には懐疑的だ。Spotify
を始めとするスウェーデン企業は、チームで問題解決にあたることに前向きで
あり、チームが自分たちで物事を進めていくことを好む。これはスウェーデン
人が「ボス」というものの役割を私たち北米の者とは同じように捉えていない理
由でもある。

ボスであってボスじゃない

　念のため確認しておくが、実務的な観点からはスウェーデンであっても上司
は上司だ。ボスはあなたの給与を決める。ボスはあなたのキャリアへの発言権
がある。傍からはどこから見ても北米の上司と変わらなさそうに思える。

　ところが、スウェーデンのマネージャーの仕事の様子をよく見てみると、彼
らのマネジメント手法が全然違っていることがわかる。何よりも、部下を助け
ることが上司の仕事だ。スウェーデンでは上司が部下を支配するようなことは
ない。北米の上司とはそこが違う。上司がやってくるのは手を差し延べようと
しているときなのだ。

　たとえばスウェーデン人の上司との1on1ミーティングの内容は、たとえばこ
んな感じだ。

- 調子はどうですか？
- 特に問題はありませんか？
- 必要なものはすべて足りていますか？
- もっと上手くやっていくにはどうするのがいいと思いますか？
- 何か手伝えることはありますか？
- 何かあればいつでも言ってください

スウェーデンにはサーバントリーダーシップが実在する。上司はあなたを助
けるためにいる。上司は時に厳しい判断を迫られたり、人事の問題に対処した
りといった典型的な「ボスの仕事」もこなすが、できれば部下には、内発的動機

づけがされていて、仕事に取りかかる備えができており、何をすべきかを指示する必要がないという状況であってほしいと考えている。

いい感じの職場

スウェーデン人は職場でみんなが仲良くすることをとても大切にしている。スウェーデン語にはその様子を表す「bra stämning[†3]」という言葉もあるぐらいだ。スウェーデンの人たちが職場での交流を深めるのに活用している習慣は「フィーカ（Fika）」と呼ばれており、スウェーデン名物になっている。

フィーカは、チーム単位のコーヒーブレイクだ。みんなで集まっておやつと一緒にコーヒーを飲む。フィーカは長年にわたってスウェーデン社会で中心的な役割を果たしており、その歴史は産業革命の頃にまでさかのぼる。当時の工場労働者たちが、休憩のためにみんなで集まってひと休みしていたのが始まりだ。

フィーカには誰もが参加する（参加しないのは文化的には非礼にあたる）。参加者は好きな話題を自由に話してかまわないが、政治のことや、クロスカントリーでノルウェーの優位が続いていることのようなセンシティブな話題は、普

---

†3　訳注：「良い雰囲気」といった意味のようだ

段は避けられる。

　フィーカは、みんなで集まって同僚のことを知り、興味関心を共有して絆を深める機会として位置づけられている。その背景には「絆を深めたチームで一緒に仕事をする」という考え方がある。同僚のことをよく知っていたほうが一緒に働きやすいというわけだ。

ワークライフバランス：ラーゴム

　スウェーデン人には自分たちの生活様式を表す言葉がある。それを「ラーゴム（Lagom）」という。ラーゴムとは「多すぎず、少なすぎず。ちょうどいい」という意味だ。

　ラーゴムはどんなものにも当てはまる。仕事、人生、遊び、休暇、キャンディ、などなど。任意の何かについて、どれくらいの分量が適切なのか迷ったときのスウェーデン人の答えはひとつ。ラーゴムだ。

　スウェーデン人は北米ほど労働に時間を費やさない。スウェーデンでは5週間の休暇取得が法律で定められており、夏の間は国全体が休止状態になる。この期間の生活は、スウェーデンの会社に所属しているがスウェーデンでは働いていない者にとっては興味深いものになる。

　Spotifyは世界最大級の手ごわいテック企業を相手に競争しなければならないにもかかわらず、シリコンバレーのテック企業で期待されているような無茶苦茶な労働時間を費やすことなく、それを実現させている。

　Spotifyのマネージャーは部下の働きすぎを気にかける。遅くまで残業している部下がいたら、家に帰るようにと声をかけることもよくある。この行動も元をたどれば、Spotifyの「核となる信念」にもとづいている。「これはマラソンだ。短距離走じゃない」。その結果として、会社と従業員の暮らしの満足度と健全性が向上する。

話すよりも聞く

　スウェーデン人は大口をたたかない。彼らは聞き手であることを好む。みんなの意見をしっかりと聞くには、余分な手間がかかることもある。ミーティングで決定を下すための適切な進め方は、部屋中をまわって全員の意見を聞き、チームとして前向きに議論することだ。こうすることで、声の大きい威圧的な性分の参加者による議論の乗っ取りを防げるし、すべての参加者の声を確実に聞くことができる。

　これがスウェーデン人の合意形成のやり方だ。「いけいけドンドン」で意思決定することに慣れ親しんだ、スウェーデン人じゃない人たちにとっては、慣れるまではもどかしく感じるだろう。スウェーデン人は事の運びをゆっくりと進めて、みんなの声を確実に聞いていく。最終的な合意に達したら、そこからは一丸となって迅速に行動する。

ヤンテの掟

　「ヤンテの掟（Law of Jante）」とは、スカンジナビア諸国における日常の行動規範とでも呼ぶべき考え方で、北欧社会でどのように振る舞うべきかを記述したものだ。ヤンテの掟は 10 ヵ条で構成されている。

- 自分をひとかどの人物だと思ってはならない
- 自分のことを、みんなと同じだと思ってはいけない
- 自分のことを、みんなよりも頭が良いと思ってはならない
- 自分のことを、みんなよりもすぐれていると自惚れてはならない
- 自分のことを、みんなよりも物知りだと思ってはならない
- 自分のことを、みんなよりも重要だと思ってはならない
- 自分のことを、みんなよりも何かが上手いと思ってはならない

- みんなの事を笑ってはならない
- みんなが自分のことを気にかけていると思ってはならない
- みんなに何かを教えられると思ってはならない

　こうしたルールは1933年にAksel Sandemoseによってまとめられた。当初の狙いは北欧社会で見られる、独善的な成功や目標達成に向けられる批判的な態度を描きだすことだった。現在、ヤンテの掟は何世紀にもわたって形成された北欧精神の中核だと受け止められている。

　私はSpotifyで働いている間に、ヤンテの掟のような雰囲気を感じたことはなかった。むしろ、多くのスウェーデン人はこの「頑張らない」という雰囲気の扱いに苦心しているように私には思えた。スウェーデンの優秀な人材の中にはアメリカのような、個性や例外がもっと受け入れられていて当たり前になっている外国へ行ってしまう人たちがいるのもこれが理由だろう。

　それでもここでヤンテの掟を紹介したのは、スウェーデン社会に深く根ざしている特徴を捉えていると思ったからだ。たとえばスウェーデンでは、自慢にならないよう、自分の富を見せびらかすようなことはしない。スウェーデンでは富裕層でも公共交通機関を使っている理由もヤンテの掟で説明がつく。彼らは「自分のことを、すぐれていると自惚れて」いないのだ。

　さて、そろそろまとめに入ろう。本書でここまでに取り上げた内容を総合すると、テック系ユニコーン企業がディスラプトを可能にした理由や、これほどの成功をもたらしている要因を説明できる「大統一理論」が、文化だ。

9.7　文化が重要

　ユニコーン企業は文化について熟慮を重ねている。文化をなすがままにはさせておかない。文化に投資し、文化を育てる。そして、プロダクト開発に文化を活用する。

　どのユニコーン企業もそれぞれ自社の文化について独自の見解を持っているが、ほとんどの場合、文化の中核をなすのは権限付与と信頼だ。こうした文化のおかげで、従業員に最高の仕事をする機会を与えながら、迅速に行動できる。すぐれた文化が可能にするのは、すぐれたプロダクトを生み出すことに留まらない。文化は最高の人材の採用に欠かせないツールでもある。ユニコーン企業は、クリエイティブでスマートな人たちが働きたいと思うような文化がどんなものなのかをよく心得ている。

　次の章で本書は締めくくりだ。現在のユニコーン企業と競えるレベルの環境に到達するためには、具体的にどんなステップを踏んでいけばいいのかを考えよう。あわせて、将来も続く競争に求められる、長期間にわたって必要とされる変化についても見ていく。

10章
レベルを上げる:
ゆきてかえりし物語

さて、ユニコーン企業がどんなことをしているのかはわかった。そこから学んだことをどう実践していけばよいだろうか？　これが最終章の話題だ。どこから始めるのか。はじめの一歩をどう踏み出すのか。学んだアイデアはどうすればあなたの職場に適用できるのか。順番に見ていこう。

まずは、ほとんどの従来型企業が忘れてしまっていることを思い出すことから始めよう。それは、目的だ。

10.1　目的で動機づける

従来型企業が従業員に仕事でわくわくしてもらうためにまずできるのは、そもそもなぜそこで働いているのかを思い出してもらうことだ。つまり、会社の目的を再確認するんだ。

スタートアップは、少なくとも最初のうちは、金銭では人を惹きつけられない。高額な給与で有能な人材を集めることができないのだ。しかしスタートアップ企業があり余るほどに持っているものがある。それは、目的だ。

その目的は、電気自動車で地球を救うとか、火星に入植するとか、あるいは

単に格安の保険商品を見つけられるとかかもしれないが、何であれあらゆるスタートアップは目的とともに始まる。目的がやる気を引き出し、優秀な人材を惹きつける。というか、創業時点のスタートアップには目的しかない。

　だからといって、目的はスタートアップの専売特許というわけじゃない。従来型企業にだって目的はある！　ただ、その使い方を忘れてしまっているだけだ。だから、創業者がなぜこの会社を始めたのかを思い出すことができれば、スタートアップと同じように目的の恩恵を受けられるだろう。

　従来型企業に必要なのは、自分たちの存在意義を再発見して、自分たちの仕事がなぜ重要なのかを再確認することだ。それができれば、さまざまな物事の背景にある理由がわかりやすくなって、進むべき道も明らかになる。

 FOOD FOR THOUGHT

私がここで働いている理由は、　　　　　＿＿＿＿＿＿＿＿＿＿.

我々が取り組んでいるのは、　　　　　　＿＿＿＿＿＿＿＿＿＿.

この仕事が重要な理由は、

＿＿＿＿＿＿＿＿＿＿＿＿＿＿＿＿＿＿＿＿＿＿.

「このまま一生、砂糖水を売って過ごすのか？」

　目的を売るのがスタートアップだということを示した最も有名な例は、Steve Jobsが1983年にAppleのCEOにJohn Sculleyを起用したことだと思う。

Appleには新しいCEOが必要だった。Appleが考えていたのは、ものすごくマーケティングにたけている人物が良さそうだというものだ。その点で、当時PepsiのCEOだったJohn Sculleyは最高の人材に思えた。

問題は、SculleyはAppleに転職したいなんて思ってなかったことだ。18年間かけて築きあげたPepsiでの地位を放り出して、カリフォルニアの危ういスタートアップなんかで働く理由がどこにあるのだろうか？　5年後にはなくなっているかもしれないのに。

ところがSteveは肝が据わっていた。彼は絶対に断わらせないつもりだった。Sculleyとの面会で、最後にもう一度、彼の目を見てこう言った。

「このまま一生、砂糖水を売って過ごすのか？　世界を変えたいとは思わないのか？」

SculleyがSteveに完全に持っていかれた瞬間だった。彼はその年のうちにPepsiを去り、Appleの新しいCEOに就任した。

10.2　思考は戦略的に、行動は局所的に

　チームに目的が備わったら、経営リーダーに抽象度が高めの目標を設定してもらおう。それを自分たちのベットのリストにするんだ。

　ベットのリストは全社規模のレベルである必要はない。所属部署など、もっと身近なレベルから始めてもらってかまわない。経営陣と真剣に話し合って優先順位をつけよう。成し遂げるべきもののうち、最大にして最重要のものはどれか。そして、まずは自分のチームからその取り組みを始める。

トップ3
この四半期にやるべきこと

1. ＿＿＿＿＿＿＿＿＿＿＿＿＿＿＿

2. ＿＿＿＿＿＿＿＿＿＿＿＿＿＿＿

3. ＿＿＿＿＿＿＿＿＿＿＿＿＿＿＿

　そうして定まった「大きな岩」を、少人数の、権限の与えられた、ミッションを遂行するチームが引き受ける。どうやって解決すべきかはチームが決める。「岩」はチームが動かすんだ。

『米海軍で屈指の潜水艦艦長による「最強組織」の作り方』

　従来型企業の人たちからよく聞く意見は、「強力な権限を与えられたチーム」というのは理屈の上では素晴らしく聞こえるが、実際にうまくいくのはスタートアップだけだ、というものだ。

　そんなとき、私はいつも書籍『米海軍で屈指の潜水艦艦長による「最強組織」の作り方』[1]を読むことをすすめている。この素晴らしい著作でDavid Marquetは乗組員と経験した組織変革を描いている。彼らはアメリカ太平洋艦隊でも最低評価とされていた原子力潜水艦USSサンタフェを、艦隊で最高評価の存在へと変えていった。その最大の秘訣は、Marquet艦長が決して直接命令を下さなかったことにある。

　任務遂行にあたっては「意図」を最重要事項に位置づける。艦長であるMarquetはミッションを定義して、達成されるべき事柄を定める。しか

---

[1]　『米海軍で屈指の潜水艦艦長による「最強組織」の作り方』L・デビッド・マルケ 著、花塚恵 訳、東洋経済新報社（原書『Turn the Ship Around!: A True Story of Turning Followers into Leaders』Portfolio）

し、ミッションをどうやって達成するのかを考えて実行に移すのは、士官と乗組員に委ねられる。

　この物語が並外れているのは、アメリカ海軍の艦長が、世界でも他に類を見ないほど従来型で指揮統制型である職場で、仕事への姿勢とその構造をオープンで革新的な、権限の与えられた場所へと改めたところにある。

　アメリカ海軍でもやれたんだ。あなたにだってできるはずだ。

　「岩」をチームが動かすということが重要だ。チームに主体性を発揮してもらいたければ、問題に対する解決策を自分たちで編み出して、自分たちで解決してもらわねばならない。ただしこれは、働き方に少なくない影響をおよぼすことになる。まず、結果が予測不能になる（従来型企業の好みじゃないものの典型だ）。それから、会社の予算編成にも影響がおよぶ。これは予算編成の考え方が変わるということだ。

10.3　プロジェクトではなくチームに 投資する

　わかってる、わかってる。誰も予算編成のことなんて考えたくない。でも大事なことなんだ。予算編成次第で物事がうまくいったりいかなかったり、といったことが今日の企業活動では起きている。

　従来型企業では、翌年度以降の仕事への資金の割り当て方は既にしっかりと確立されている。テック企業がどれだけ大きな成功を収めていようとも、従来型企業の予算編成方法が変わることはほとんど見込めないだろう。

　だが、予算を割り当てる先をプロジェクトではなくチームにすることならできるかもしれない。そうできれば、予算とプロジェクトにまつわる揉め事や機能不全、無駄を取り除ける。その分、仕事やミッションに集中できるようになる

はずだ。たとえば、次のような感じで進めてみることはできないだろうか。

　まず、あなたのビジネスの中核をなす要素を選ぶ。めちゃくちゃ重要で、何があろうと長期にわたって改善とイテレーションを重ねていきたいようなものを選ぼう。そして、取り組むべきことをどこかのプロジェクトに押し込むのではなく、恒久的に存続するチームを編成する。資金はチームに割り当てて、彼らに長期的な視点を持って取り組んでもらうんだ。

　これなら**2章**で説明した利点を漏らさず活用できる。しかもこの取り組みは、ビジネスの中核をなすシステムを「一級市民」として扱うことにもつながる。イノベーションを起こして競争できるようになりたいのなら、技術を「一級市民」として扱うことは欠かせない。

10.4　技術を「一級市民」として扱う

　従来型企業は、社内で技術を「一級市民」として扱うようになるまでの間は、自分たちよりも先を行こうとしているスタートアップとの競争で苦戦を強いられるだろう。

　たとえばNetflixには、北米のどのケーブルテレビ会社よりもすぐれた新規登録の顧客体験を提供する筋合いなんてない。しかし彼らはそうしている。これはNetflixが顧客のことをよくわかっているからというだけではない。Netflixを支える技術が、新規顧客としての登録から料金の支払設定をして番組を視聴する、という一連の流れを滑らかにしているのだ。改めて言うまでもないが、Netflixはかなり魅力的なプロダクトだ。

　テック企業が技術に投資するのは、技術が実行面での優位をもたらすことを承知しているからに他ならない。もちろん、市場の既存企業にも優位性はある。財産、資本、設備、人的資源、知識、ビジネスに関する経験など、あらゆる面で先行している。

　しかし、こと物事の実行と技術の活用に関しては、テック企業に軍配が上がる。テック企業は中核をなすシステムに投資し、問題の根本原因に対処する。

やっつけ仕事やバグ、急場しのぎの解決策を長期間放置したりはしない。テック企業の実行速度が速いのは、こうした仕組みが一体となって機能しているからだ。

　もちろん、テック企業だってこうした仕組みを立ち上げる段階では苦労している。そこは私たちと変わらない。違いがあるとすれば、彼らは立ち止まらないのだ。継続的に再投資して状況を改善する。これを続けていると、やがてはものすごい速さで動くようになる。

　こうしたスタートアップにプロジェクト方式のアプローチで競争を挑んでも、全然まともな勝負にならない。確かに、従来型企業はレガシーシステムを抱えているぶん不利だろう。だが、そんなことお構いなしに技術は変化していく。しかも物事が動くスピードは速くなっていく一方だ。

　従来型企業は新規プロダクトやサービスを提供する能力の本質に気づくまでの間、すなわち、プロダクトの提供能力にはそれを支えるITサービスの品質と組織構造とが分かちがたく結びついていることを理解するまでの間は、テック企業と競争したところでスピードと品質の面で厳しい戦いを強いられることだろう。

10.5　もっとスタートアップみたいに　振る舞う

　誰だって自分のチームをスタートアップみたいにしたい。問題は、周囲にスタートアップでの勤務経験や、その意味するところを心得ている人がほとんどいないことにある。

　「スタートアップみたいに振る舞う」というのは、次のようなことを意味する。

- 少なくとも初期段階では、自分たちは顧客が本当に求めているものが何なのかを正確に把握していないことを認める
- それを突き止める覚悟をする

- 学習と発見を特に大切にする
- 早めのリリースによる本当の顧客からの迅速なフィードバックを通じて、顧客のニーズにぴったり合うまで、プロダクトのイテレーションを継続的に重ねていく

「スタートアップみたいに振る舞う」とは、予算編成やプロジェクトみたいな無駄をぜんぶやめてしまうことでもある。顧客の問題解決にフォーカスを移そう。「仕事をする」というのは稼働を 100% 埋めることじゃない。フォーカスすることだ。

　そしてもちろん、これらすべてをこなすのは、権限が与えられた、強く信頼されている、小さなチームだ。

10.6　自律した小さなチームとともに

　証拠は揃った。権限が与えられている自律した小さなチームこそが進むべき道だ。すごいプロダクトを生み出すには、決断すべきことも取り組むべきことも山ほどあるし、たっぷりの愛情と心配りも求められる。これはトップダウンでは絶対に実現できない。すごいプロダクトを作るには、ボトムアップでやるしかない。

　みんなに当事者としての意識を持ってもらいたければ、権限と信頼を与える必要がある。そうでなければ、結局のところは「野菜切り係」に落ち着いてしまう。率先して進めていこうなんて人は誰も出てこない。期日と予算は守れるかもしれない。だが、本心では誰もプロダクトのことを気にとめないし、プロダクトへの愛もない。そんな状況からは抜け出せないままだ。

10.7　コンテキストもあわせて取り入れる

　他人にインスピレーションを求めるのは良いことだ。ユニコーン企業の運営手法を研究することからも多くを学べる。だから、世界有数の企業の取り組みの研究を続けて、自分たちの役に立そうだと思えるものなら何でも試してみることを、私個人としては強くおすすめする。

　もちろん「銀の弾丸」は存在しない。複雑な問題への簡単な答えなんてものもない。だからこそ、新しいアイデアを試す際には細心の注意を払わねばならない。他所でやっているからといって、そのままコピーしてはだめだ。

　会社の文化を変えるというのは手ごわい仕事だ。本書を読んだり、他社がどんな風に運営しているかを聞いたりした時点では、なんだかわかりやすいし簡単に聞こえるかもしれない（少なくともロケット工学ほどは難しくなさそうだ）。しかしいざ行動に移して、実際に組織レベルでの抵抗に直面すると、それがいかに難しいことなのかを実感することになる。

　どの会社にも「安全の文化」が備わっているわけではないし、あらゆるリーダーが自分の部署をこっぱみじんに吹き飛ばして再編成したいと願っているわけでもない。リーダーの誰も彼もがサーバントリーダーシップ的なことに関心があるとも限らない。それに、すべての従業員が必ずしも権限を与えられたいと望んでいるわけではないんだ。

　Spotifyは何年もの時間を投じて、自分たちの文化、メンバーへの期待、サポートの枠組み、中間管理職やリーダーシップなど、SpotifyをSpotifyたらしめるのに必要なすべてを生み育てた。近道はない。でもやるしかないんだ。

　すでに信頼やサポート、他のメンバーを助けるといった文化が築かれている企業にとっては、いま話しているような移行も抵抗なくスムーズに進められるだろう。そうじゃない企業、本末転倒の短期的インセンティブが強いとか、権勢を振りかざすような体制であるとかだと、移行の道のりは険しいものになるだろう。

　だが、あなたにはこうした抵抗勢力の面々にはない大きな強みがある。この業界にいる人の多くは、スタートアップみたいな働き方を楽しめる。だからこうした考え方が職場に定着していくにつれ、そこに期待を寄せる人の数も増えていく。これはビジネスにとって有効であるというだけではなく、働きやすい職場づくりにもつながる。

　だから、テック企業のモデルやアイデアを参考にしよう。他社の働き方からヒントを得よう。ただし忘れないでほしいのは、他社の取り組みを採用するなら、きちんと受け止めて、自分たちのものにすること。自分たちの職場で実践するためには、採用した取り組みを支える原則は守りながらも、独自の調整や適応が必要になるはずだ。

　コンテキストが重要だと言いたかっただけなのに、だらだらと書いてしまった。本書のアイデアも参考にしてほしい。単にコピーするだけじゃなく、自分たちのものにしてほしい。

『モチベーション3.0　持続する「やる気！」をいかに引き出すか』

　書籍『モチベーション3.0　持続する「やる気！」をいかに引き出すか』[†2]でのDaniel Pinkの主張は、ほとんどの人にとって、最高の仕事に向けた動機づけとなるのは金銭ではないというものだ。人を動機づけるのは、自律、熟達、目的だ。ユニコーン企業にはこれがそのまま反映されている。なぜ多くの人がユニコーン企業で働くことを気に入っていて、どうしてすごいプロダクトや目覚ましい結果を生み出せているのかもこれで説明がつく。

　この本では、なぜ人々が余暇のボランティアでオープンソースソフトウェアに取り組むのか、なぜ金銭はイノベーションを生む動機としては

[†2]　『モチベーション3.0　持続する「やる気！」をいかに引き出すか』ダニエル・ピンク 著、大前研一 訳、講談社（原書『Drive: The Surprising Truth About What Motivates Us』Riverhead Books）

役に立たないのかを解説している。また、優秀な人たちがどんな企業に魅力を感じ続けるのかも教えてくれる。それはつまり、こんな企業だ。

- 自分で自分の仕事を決められる（自律）
- やり方を改善できる（熟達）
- やっていることに意味を見いだせる（目的）

　実に素晴らしい一冊だ。要旨をつかめる 10 分間の動画を紹介しておくが、書籍も絶対に読んだほうがいい。特に、こんなにも多くの人がこうした働き方に惹かれる理由や、多くの企業が従業員の動機づけに苦心していることの科学的背景が気になる人には書籍を手に取ってもらいたい。

https://www.youtube.com/watch?v=u6XAPnuFjJc
ダニエル・ピンク「やる気に関する驚きの科学」

10.8　率先垂範のリーダーシップ

　会社のリーダーとして、あなたはいつもみんなから見られていると心得よう。あなたの発言と行動が一致していない場合、みんなはあなたの行動を参考にする。発言ではない。

- 失敗した人を罰する？　それとも支える？
- 事態が悪化したとき、首を突っ込みにいく？　それともチームに任せる？
- チームの見積りを信頼する？　それとも上からの指示次第で見積りを覆す？
- 昇進させるのは、あなたが話した理想を体現する人？　それとも、他人を踏みつけにしてでも仕事を終わらせる人？

　言行一致を定着させるには、職場で実現させたい理想を体現できそうな人たちを昇進させて支援する必要がある。そのために探し出すべき人材は、良い時も悪い時もチームをサポートしながら、いつもチームを良くすることに取り組んでいるような人物だ。会社にとって必要なことを進めながら、自ら率先して物事を進めていくことで周囲に模範を示すような人物を探そう。

10.9　権限を与え、信頼する

　本書で心から伝えたいことは2つだけだ。「権限を与えること」「信頼すること」。以上。

　何がユニコーン企業をかくも素晴らしい職場たらしめているのかというと、それはメンバーやチームに与えられている権限と信頼の大きさだ。

　権限と信頼が従業員の強みを最大限に引き出している。だからこそ、出社が楽しみになる。だからこそ、すごい結果を生み出せる。権限を与えられ、信頼されている人は、そうでない人よりもすぐれた仕事をする。ただそれだけのことでもある。自分の仕事を決めるのが自分なのだとしたら、全力を尽くさないでどうするというのだろう？

　こうした職場がうまくいく秘訣は、小さなチームにどれだけ裁量と権限を与えられるかだ。というのも、要するにユニコーン企業が実際にやっているのは「言い訳」を取り除くことだからだ。

10.10　「言い訳」を取り除く

　私が過去に勤務していたどの企業よりもSpotifyが特に力を入れて取り組んでいたのは、あらゆる「言い訳」を取り除くことだった。

　非現実的なプロジェクトの計画や意味不明な指令が上層部から降ってきたとき、それに応えてあなたが返しているものは、どうしようもない仕事の結果だけじゃない。実際のところあなたが返しているのは、「言い訳」だ。

- 常軌を逸した締め切りを設定したのは私じゃないし。マネージャーだし。
- こんな奇抜なアーキテクチャにしたのは私じゃないし。他の誰かの仕業だし。
- そんなこと聞かれてないし。聞かれてないから言わなかっただけだし。

権限もある。信頼もされている。責任を果たすのは自分だ。そうなれば、うまくいかなかったときに言い訳する余地も取り除かれてしまう。物事の状況について、他の誰も責められない。これは仕事というものを劇的に変えてしまう。

- 自分たちこそが旗振り役だ
- 自分たちが決めるんだ
- 自分たちが責任を果たすんだ

これは当事者意識と責任感のレベルが変わる。こんなことは従来型企業ではお目にかかれない。また、仕事の質に誇りを持つ感覚も養うことになる。自らが旗振り役だということになれば、自分自身の仕事の質にも誇りを抱くようになる。プロダクトは自分たちの子供のようなものだ。他所では見られないような丁寧な気遣いや隅々までの目配り、最後までやり遂げる力といったものはこうやって生まれる。

テック企業は「言い訳」を取り除くことで、チームにサポートと成功の機会を与えようとする。失敗を避けることはできないが、そうなったときにもチームを責めることはしない。反省し、改善策を探り、もう一度挑戦させる。

この方が働き方としてすぐれている。この方がはるかに素晴らしい結果をもたらす。それに、とんでもなく楽しい。

FOOD FOR THOUGHT

すごい仕事をしていない「言い訳」は何？

_____

_____

その「言い訳」をなくすのに必要なものは？

_____

_____

もし「言い訳」が取り除かれたとしたら、
あなたやあなたのチームはどうしますか？

_____

_____

10.11　最後に

　これで最後だ。楽しんでもらえただろうか。書く側としては間違いなく楽しかった。ユニコーン企業にできて、あなたにできないことなんてない。彼らとの違いは仕事に向き合う姿勢やマインドセット、仕事というものの捉え方、それだけだ。

　心強いことに、こうした働き方に触れる人が増えれば増えるほど、そうした働き方を求める人は増えていく。私の予想では、従来型の職場であっても、スタートアップっぽい働き方はどんどん増えていくだろう。とにかく多くの人に求められているんだ。

　あなたの働く職場がどこであろうと、自分が大きな役割を果たしているんだ

ということを肝に銘じてほしい。あなたはこの変化をもたらす手助けができる。所属する組織での役割は関係ない。責任を持って進めたいということを職場で訴え続けてほしい。率先して行動しよう。あなたやあなたのチームが自分たちのソフトウェアデリバリー能力を発揮していけば、責任や信頼は向こうからやってくるはずだ。

　私はこの働き方が大好きだ。あなたにも楽しんでもらいたい。毎朝、仕事に行きたくなるような、全力を尽くしたくなるような、自分らしくいられるような、一日の終わりには満足して家路につけるような、そんな職場づくりにひとりでも多くの人が成功することを願っている。

　じゃあ頑張って！　また次回、お目にかかりましょう。

Jonathan Rasmusson

訳者あとがき

そもそもなぜextreme（究極）という単語が名称に含まれているのか。
XPは常識を原理とし、極限まで実践するからである。

『XPエクストリーム・プログラミング入門』
Kent Beck、ピアソン・エデュケーション

本書は、"Jonathan Rasmusson. Competing with Unicorns: How the World's Best Companies Ship Software and Work Differently. The Pragmatic Programmers, LLC, 2019. 978-1-68050-723-2"の全訳です。著者の訳書は『アジャイルサムライ』（オーム社、2010年）、『初めての自動テスト』（オライリー・ジャパン、2016年）に続く3作目です。

本文中では明示されていませんが、本書の対象読者について、著者は出版後のインタビュー記事で次のように語っています。「業務としてソフトウェアデリバリーに関わっている人たち（開発者、テスター、デザイナー、マネージャーなど）なら誰でもだけど、本当の対象読者は経営リーダーを始めとした、チームをプロダクトやソフトウェアのデリバリーにフォーカスさせる組織づくりの担当者

なんだ」と[†1]。これは組織として文化を育てることこそが、ハイパフォーマンスな
テック企業として成功するための「大統一理論」だと本文中で述べていることと
対応します。本書のテーマはテック企業の「組織文化」です。

ユニコーン企業ではスクラムをやっていない

　冒頭の「日本の読者の皆さんへ」で著者は「アジャイルは今や『ふつう』となり
ました」と、私たち日本の読者にメッセージを伝えています。日本では読者に
よってまだアジャイルソフトウェア開発の受容に温度差があろうかと思いますが、原著で想定されている北米のソフトウェア開発では今やアジャイルソフト
ウェア開発プロセス（具体的にはスクラム）が主流です[†2]。

　原書の公式サイト[†3]では本書の対象読者に求める前提知識を「なし」としてい
ますが、著者が述べる対象読者層からもわかる通り、実際にはある程度のソフ
トウェアデリバリー（アイデアを機能するソフトウェアに変換して、本番の動作
環境でユーザーに届ける）の知識や経験が前提とされています。そして、その知
識や経験とは、いわゆる「アジャイルソフトウェア開発」のことです。アジャイ
ルソフトウェア開発に馴染みがなければ、著者の前著『アジャイルサムライ』や
2020年11月の改訂でコンパクトになって読みやすくなった「スクラムガイド」[†4]
を参照しておくとよいでしょう。

　本書では全編を通じてユニコーン企業（テック企業）とエンタープライズ企業
が対比されます。前著『アジャイルサムライ』の本文と似たような説明になって
いる箇所もあり、読者によっては多少混乱しそうなので補足しておきます。こ

---

†1　https://www.infoq.com/articles/book-review-competing-with-unicorns/。引用訳文は
　　訳者による

†2　"The 14th annual State of Agile Report"（2020）では「アジャイル開発の経験あり」と95%
　　の企業が回答している（北米と欧州が回答組織の74%を占める）。https://stateofagile.
　　com/#ufh-i-615706098-14th-annual-state-of-agile-report/7027494

†3　https://pragprog.com/titles/jragile/competing-with-unicorns/

†4　https://www.scrumguides.org/docs/scrumguide/v2020/2020-Scrum-Guide-
　　Japanese-2.0.pdf

こで時流に合わなくなった姿として描かれている、エンタープライズ企業にお
けるプロジェクトベースのソフトウェア開発の進め方は、ウォーターフォール
開発ではありません。アジャイル開発、具体的にはスクラムのことです。「ユニ
コーン企業ではスクラムをやっていない」のです。

　ではスクラムをやらずにユニコーン企業はどうやって「なんだかうまいこと
やっている」のか。鍵は「自律、権限、信頼」であり、それらを可能にする組織
文化こそが「ユニコーン企業のひみつ」だというのが著者の主張です。というこ
とはスクラムはもう古くて、新しいやり方に変えていかねばならないのかとい
うと、そう単純な話でもありません。Edger H.Scheinの『企業文化』[5]によれば
「文化とは共有された暗黙の仮定のパターン」です。暗黙的な「企業の文化を説明
するのは難しい。その真髄やニュアンスは日々の仕事でしか体感できないので、
うまく捉えられない」ので、本書では著者自身が3年間在籍したSpotifyでの経
験をもとにその説明を試みます。

There is No Spotify Model

　Spotifyは2006年にスウェーデンで創業されたテック企業です。音楽配信サー
ビスを開始したのは2008年。日本でも2016年からサービスを提供しています。
2020年末時点で世界170のマーケットに展開し、月間アクティブユーザーは
3億4500万ユーザーです[6]。フルタイムの従業員が5,584名、うちReseach and
Developmentが2,624名。エンジニアリングに関わっていそうなメンバーの比
率は半数弱という構成です[7]。著者がSpotifyに在籍していたのは2014年から
2017年頃で、その3年間でも組織規模は1,300名から3,000名規模へと急拡大
していたようです[8]。ちなみに、Spotifyは2018年にニューヨーク証券取引所に

---

[5]　『企業文化　改訂版：ダイバーシティと文化の仕組み』E.H.シャイン、白桃書房
[6]　https://newsroom.spotify.com/company-info/
[7]　https://investors.spotify.com/financials/default.aspx
[8]　https://www.statista.com/statistics/245130/number-of-spotify-employees/

上場しているため、原著時点で既に書名の由来である「ユニコーン企業」(評価額
1億ドル以上で未上場のテック企業)ではなくなっています。著者がSpotifyに在
籍し、本書を執筆していた当時のSpotifyは確かにユニコーン企業だった、とい
うことで納得してもらえればと思います。

　Spotifyでのスクワッドやトライブ、ギルドといった少し変わった名前のエ
ンジニアリング組織編成、いわゆる「Spotifyモデル」は、アジャイルコーチ
のHenrik Knibergらの記事や動画をきっかけに英語圏のアジャイル界隈では
広く認知されました。本文での説明も、初出である"Scaling@Spotify"(2012
年)[†9]、"Spotify Engineering Culture"(2014年)[†10]、"Spotify Rythm"(2016年)[†11]
を踏まえたものになっています。とはいえこれも、あくまで著者の在籍時の経
験にもとづいたスナップショットです。"Scaling@Spotify"でも断り書きがされ
ています。

> 私たちがこのモデルを発明したわけではない。Spotifyは(良いアジャイ
> ル企業がそうであるように)進化が速い。この記事は執筆時点の働き方の
> スナップショットでしかない。道程はまだ半ばだ。ここは旅路の果てで
> はない。これを読んだときにはもう物事は変わっていることだろう。

　事実、「Spotifyモデル」はそれ以後も変化していったようです。本書の説明と
の主な差分を簡単に紹介しておきます[†12]。

- 「プロダクトオーナーとスクワッド(チーム)」という構成から、プロダク
  トオーナーもスクワッドの一員という位置づけになった
- トライブをまとめるリーダーチームとして「TPD Trio」が編成されるよう

---

†9 　https://blog.crisp.se/wp-content/uploads/2012/11/SpotifyScaling.pdf
†10　https://youtu.be/Yvfz4HGtoPc
†11　https://blog.crisp.se/2016/06/08/henrikkniberg/spotify-rhythm
†12　https://www.slideshare.net/peterantman/growing-up-with-agile-how-the-spotify-
　　　model-has-evolved

になった（TPDはTribe Lead、Product Lead、Design Leadの頭字語）
- トライブ同士が連携するさらに大きな枠組みとして「アライアンス
  （Alliance）」という枠組みが導入された

本文ではプロダクトオーナーはスクワッドの外にいるような説明がされてい
ましたが、プロダクトオーナーはスクワッドに編入されたようです。これはスク
ラムガイドが2020年の改訂で「プロダクトオーナーと開発チーム」から「ひとつ
のスクラムチーム」へと変更されたことを想起させます。トライブが向かう先の
アラインメントが職能横断チームになったのは、規模の拡大や複雑性の増大へ
の対応だと考えられます。アライアンスは、組織規模の急速な拡大を踏まえれ
ば、トライブ同士を連携させるというのも自然な成り行きに思えます。

　このように、Spotifyは自身の置かれた状況の変化に適応していたようなので
すが、一方で「Spotifyモデル」の認知が高まるにつれて「Spotifyモデルをコピー
するな」[13]や「SpotifyはSpotifyモデルを実装していない」[14]、「Spotifyモデルはう
まくいってない」[15]と毀誉褒貶も激しくなりました。結果として、Spotifyはその
後、Spotifyモデルについての情報発信をやめてしまいます。この時期はちょう
ど著者が離職した頃と重なります。

価値、原則、プラクティス

　本文でも繰り返し述べられているように、他所でうまくいっていること（プ
ラクティス）をただコピーしてもうまくいきません。これは逆も然りです。たと
えば、本書ではデリバリープラクティスとして「リリーストレイン」が紹介され
ています。ThoughtWorks社が定期的に発行している技術トレンドの解説記事
"Technology Radar"では、少し前からリリーストレインはHOLD（取扱注意）

---

†13　https://www.infoq.com/news/2016/10/no-spotify-model/
†14　https://twitter.com/KentBeck/status/1000011818197188610
†15　https://www.jeremiahlee.com/posts/failed-squad-goals/

とされています[16]。遅いチームのスピードアップにはいくらか有効ではあるものの、より速く動けるチームに制約を課すことになりがちだからです。

Spotifyでは自律したスクワッドにリリースの権限があり、アーキテクチャが分離されています。これにより「デプロイ時結合」[17]を回避できます。そのおかげでスクワッドレベルではリリーストレインという名前で機能しているのでしょう。これはプロダクト全体の実態として見れば「リリースオンデマンド方式」であり、フィーチャーフラグも活用しているわけですから、実質的には継続的デリバリーを実現しているといえます。

ここで思い起こされるのは、アジャイル開発のフレームワークです。たとえば、エクストリームプログラミングの価値、原則、プラクティス。スクラムの価値基準、三本柱（原則）、イベントと作成物（プラクティス）。チームにしても組織にしても、プラクティスを支える原則や、それを生みだす価値観のあり方が組織の文化だといえます。

プラクティスは「自分たちの職場で実践するためには、採用した取り組みを支える原則は守りながらも、独自の調整や適応が必要」なのです。これを踏まえなければ、「テック企業ではスクラムをやっていない」からといってスクワッド制に移行したところで、チームは依然として「ユーザーストーリーをバックログから取り出して実装するだけの機械」のままでしょう。

組織文化の重要性は、プラクティスとしての「Spotifyモデル」の発信をやめたSpotifyの、その後の動きからもうかがうことができます。

バンドマニフェスト

2020年2月7日、SpotifyのHR（Human Resources）Blogで "Our Band Manifesto" と題された記事が公開されました[18]。署名はChief Human

---

†16　https://www.thoughtworks.com/radar/techniques/release-train
†17　『モノリスからマイクロサービスへ』Sam Newman、オライリー・ジャパン
†18　https://hrblog.spotify.com/2020/02/07/our-band-manifesto/

Resources Officerの Katarina Bergです。少し長くなりますが引用します。

> ここ1年ほどの間で気づいたことがあります。私たちはよく「Spotify流」
> という物言いをするのですが、それが具体的に何なのかをきちんと定義
> したことはありませんでした。その結果、他所の人たちが私たちのため
> に定義を試みてくれたのですが、その成果はまちまちでした。オンライ
> ンで"Spotify culture"と検索すると、私たちのアジャイルプラクティス
> についての時代遅れの動画や、外部の視点から書かれたニュース記事が
> 見つかります。私たちには自分たちなりの仕事の進め方があります。で
> すが、なぜそうなっているのか、なぜこれが重要なのかということをう
> まく説明できていませんでした。（中略）そこで私たちは先週「バンドマニ
> フェスト（The Band Manifesto）」を公開しました。

「バンドマニフェスト」[†19]は「ここSpotifyでは、私たちは自分たちをバンドで
あると考えます」と冒頭に宣言し、Spotifyのミッションと5つのバリューを解説
しています。その内容は、上記引用のブログ記述（Spotifyモデルの周囲への受
容に対する当てこすり）から受ける印象とは異なります。Spotifyモデルを上書き
して無かったことにするというよりは、むしろ本書での著者の主張をさらに推
し進めたような内容になっています。上記のブログでもこのように述べられて
います。

> 急激な成長に向かう私たちにとって、自分たちの文化とバリューが何で
> あり、社員にとって何を意味するのかを理解することがこれまで以上
> に重要になっています。これは私たちがフォーカスすること、モチベー
> ションを保つこと、毎日の出社を楽しみすることに大きく貢献していま
> す。

---

†19　https://www.spotifyjobs.com/culture/the-band-manifesto

バンドマニフェストによれば、Spotifyのミッションとは「Spotifyは目的駆動の企業であり、強力なバリューと信念が私の戦略と日々の意思決定を導く」ことで、それを支えるバリューは次の5つです。

- Innovate（革新する）
- Sincere（誠実である）
- Passionate（情熱を持つ）
- Collaborative（協調する）
- Playful（遊び心を持つ）

このマニフェストがHR（日本でいえば人事部に相当します）から組織の見解として公式にアナウンスされていることの意義も大きいと思います。テック企業は「テクノロジーとビジネスとを人為的に分断して悩んだりはしない」、ハイパフォーマンスなテック企業として成功するための「大統一理論」は「組織文化」である、といった本書のメッセージを裏付けているとも考えられるからです。

繰り返しますが、大切なのはスクラムかSpotifyモデルかというプラクティスではありません。重要なのはプラクティスを支える原則や、それを生みだす価値観のあり方、すなわち文化です。「文化が重要」なのです。

会社の文化を変えるというのは手ごわい仕事だ

「文化とは共有された暗黙の仮定のパターン」であるとScheinが『企業文化』で定義していることを紹介しました。この定義は「暗黙の仮定とは、外部に適応したり、内部を調整したりといった問題を解決する際に組織が学習した方法である」と続きます。適応のために学習した結果が文化であり、そのおかげでその組織は存続している、ということです。つまり、組織の文化とはそもそも変えづらいものなのです。本文でも著者は「会社の文化を変えるというのは手ごわい仕事だ」と述べていますし、訳者たちも自分たちの経験からこれに同意します。

「自律、権限、信頼」やSpotifyモデルの運用、「いい感じの職場」といった組織

文化のあり方を、本書では豊富な例をともにいきいきと描写してくれます。ですが、そこに到達する方法については、いくつかヒントを示しはするものの具体的な進め方については「近道はない。でもやるしかないんだ」と身も蓋もありません。私たち組織文化の専門家でもない、ふつうのソフトウェア開発者にとっては、もう少し手がかりが欲しいところです。

そもそも組織の文化は変えられるものなのでしょうか。これについては『リーンエンタープライズ』の「11章　イノベーション文化を育てる」が参考になります[20]。結論からいえば、組織の文化を変えていくことは理論的には可能だそうです。この「訳者あとがき」でも引用したScheinを始めとした複数の識者の議論を紹介しながら、ハイパフォーマンス組織へと変容するためのフレームワークをまとめてくれており、心強いです。

組織文化の変容を進めていく具体的な手がかりとしては、本書のコラムで紹介されている書籍が取っかかりとしては良さそうです。マルケ艦長の『米海軍で屈指の潜水艦艦長による「最強組織」の作り方』は、権限を与え、自分たちで判断してもらうための取り組みの実際の姿が描かれています。考え方の変容を行動に移すことの難しさ、自律したチームを作る過程で感じるもどかしさがよく伝わってきます。本文で「こんなに恐ろしいことはない」と説明されている意味がよくわかりました。

ダニエル・ピンクの『モチベーション 3.0　持続する「やる気！」をいかに引き出すか』は今や定番の一冊ですが、本書の読了後に改めて通読すると「自律、熟達、目的」をどう位置づけるかがテック企業の組織文化のあり方を左右することを確認できます。

つまり、結論としては「近道はない。でもやるしか」ありません。重要なのは「あらゆる『言い訳』を取り除くこと」だと著者は主張していますから、これもその一環なのかもしれません。その一方で著者は「私の予想では、従来型の職場であっても、スタートアップっぽい働き方はどんどん増えていくだろう。とにかく

---

[20] 『リーンエンタープライズ』バリー・オライリー他、オライリー・ジャパン

多くの人に求められているんだ」と楽観的でもあります。

　ますますソフトウェアが重要になっていく時代です。著者が述べるように、本書を参考に日本でも「毎朝、仕事に行きたくなるような、全力を尽くしたくなるような、自分らしくいられるような、一日の終わりには満足して家路につけるような、そんな職場づくりにひとりでも多くの人が成功」してくれたら、いきいきと働けるテック企業が1社でも増えてくれたら、訳者としてこれ以上の喜びはありません。

謝辞

　編集をいただいたオライリー・ジャパンの高恵子さんに感謝します。原稿の遅い訳者のことを最後の最後まで辛抱強く見守っていただき、ありがとうございました。翻訳原稿のレビューに参加いただいた次の皆さんに深く感謝します（敬称略）。1syo、imaz、@katsuhisa__、okuzawats、TAZAWA AYAKA、yucao24hours、新井正貴、飯田勇人、伊藤いづみ、梅本祥平、かたぎりえいと、川崎真素実、北村大助、白土慧、杉村文美、新田智啓、濱口恭平（@tnzk）、濱崎健吾、平田守幸、増田謙太郎、三好秀徳、諸橋恭介、矢部剛嗣。皆さんからいただいたポジティブなフィードバック、指摘、そして半ば読書会のようにして行われていた本書の内容についての対話がなければ、本書はこのような形には仕上がっていませんでした。心から感謝します。

　著者Jonathan Rasmussonに。素敵な日本語版まえがきや、翻訳中の訳者からの質問に迅速に答えてくれたことに感謝します。

2021年4月

島田浩二

角谷信太郎

索引

●著者紹介

Jonathan Rasmusson（ジョナサン・ラスマセン）
世界最大級の革新的なテック企業が世界中にソフトウェアを届けることを支援してきた。エンジニアとしては、Spotifyのインテグレーションを支援した。対象プラットフォームはSony PlayStation、Facebook Messenger、Google Chromecast、iMessage。同様にBMW、Tesla、Fordの自動車にも統合した。

●訳者紹介

島田 浩二（しまだ こうじ）
1978年、神奈川県生まれ。電気通信大学電気通信学部卒業。2001年に松下システムエンジニアリング株式会社入社。札幌支社にて携帯電話ソフトウェアの開発業務に従事した後、2006年に独立。2009年に株式会社えにしテックを設立し、現在に至る。2011年からは一般社団法人日本Rubyの会の理事も務めている。訳書に『モノリスからマイクロサービスへ』『Design It!』『進化的アーキテクチャ』『エラスティックリーダーシップ』『プロダクティブ・プログラマ』（オライリー・ジャパン）、『Rubyのしくみ』（オーム社）、『なるほどUnixプロセス』（達人出版会）、共著者に『Ruby逆引きレシピ』（翔泳社）がある。

角谷 信太郎（かくたに しんたろう）
個人事業主。一般社団法人日本Rubyの会理事。エクストリームプログラミングの理念である「新たな社会構造」のために自分がやれることをやっている。主な共訳・監訳書に『Clean Agile 基本に立ち戻れ』（アスキードワンゴ）、『なるほどUnixプロセス』（達人出版会）、『Rubyのしくみ』『アジャイルサムライ』（オーム社）、『アジャイルな見積りと計画づくり』（マイナビ出版）がある。

ユニコーン企業のひみつ
Spotifyで学んだソフトウェアづくりと働き方

| 2021年4月23日 | 初版第1刷発行 |
| 2021年6月8日 | 初版第3刷発行 |

著　　　者	Jonathan Rasmusson（ジョナサン・ラスマセン）
訳　　　者	島田 浩二（しまだ こうじ）、角谷 信太郎（かくたに しんたろう）
発　行　人	ティム・オライリー
制　　　作	株式会社トップスタジオ
印刷・製本	株式会社平河工業社
発　行　所	株式会社オライリー・ジャパン
	〒160-0002　東京都新宿区四谷坂町12番22号
	Tel　（03）3356-5227
	Fax　（03）3356-5263
	電子メール　japan@oreilly.co.jp
発　売　元	株式会社オーム社
	〒101-8460　東京都千代田区神田錦町3-1
	Tel　（03）3233-0641（代表）
	Fax　（03）3233-3440

Printed in Japan（ISBN978-4-87311-946-5）
乱丁本、落丁本はお取り替え致します。